農産物・食品の市場と流通

日本農業市場学会〔編〕

筑波書房

はしがき

　農産物・食品の市場と流通は，今，大きな転換点にある。その諸局面は，関連する法や規制の緩和と強化，国際貿易ルールの共通化とその相克，物流技術や情報化の進展による革新と矛盾，消費者の強まる低価格要求と環境や倫理品質重視の兆候，そして農業生産の近代化と脆弱化，その帰結としての食料の安定供給への期待と懸念である。市場と流通の現代的変容は多面的なものである。そのいずれの局面も単純な一方向的なものではなく，相対立する要素の緊張関係にある。

　日本農業市場学会では，この分野の標準的な解説書の必要性を鑑み，2003年に『食料・農産物の流通と市場』を世に問い，さらに2008年にはその改訂版として『食料・農産物の流通と市場Ⅱ』を出版した。今回，実質的に2回目の改訂にあたる本書の出版に際し，2つの前書の構成を基本的に継承しつつ，第Ⅱ部・品目編や第Ⅲ部・課題編を中心に直近の重要な実態変化を取り込むかたちで修正を加えた。あわせて書名の若干の変更を行った。

　第Ⅰ部・基礎編では，第1章で農産物・食品の生産と消費の全体的な動向を把握した上で，第2章で市場機構と価格形成のしくみ，第3章で商業と流通組織の展開を整理している。第Ⅱ部・品目編の第4章から第11章の8つの章では，米，青果物，水産物，食肉，牛乳・乳製品，花き，小麦・大豆，加工食品の流通の特徴と変化を実証的に解き明かしている。第Ⅲ部・課題編では，第12章で国際貿易問題，第13章で安全性問題，第14章で物流問題，第15章で環境問題について，それぞれ現状と課題を論じている。

　農産物・食品の流通は，品目別の商品特性や生産構造，あるいは消費特性により異なる形態をとる。実態を踏まえない安易な一般化は，多面的かつ多様，複雑な変化の基調と方向性を見誤りかねない。第Ⅱ部の各章において8つの代表的品目を対象に流通実態を分析している点は本書の有意な特長である。長年にわたる本学会における研究蓄積と，現会員が総力を挙げて本書の

刊行に向けて取り組んだことの成果にほかならない。

　かつて本学会の前身である農産物市場研究会にとって1つの橋頭堡ともいうべき協同組合経営研究所編『戦後の農産物市場（上）（下）』（1958年，1959年）の「はしがき」は，こう述べている。牛乳，肉畜，果実，蔬菜，麦，大豆などの13品目を対象に「農産物流通過程の実態と問題点を概観し，あわせて農民的共同販売の条件検討をおこなった」と。本書においても，食料・農業問題の解決のために理論と実証の両面から考察するスタンスは貫かれている。もっとも，多様化する現代の農産物・食品流通の実態を解明するには，単数形の課題設定では不十分であり，いかに複数形の課題を設定し体系化するのかが問われている。また，本書では紙幅の関係で外食・中食などの今日的な分野を十分に捕捉できていない。これらの点は，これからの学会の担い手にバトンタッチされるべき今後の課題ということができる。

　なお，本書の刊行は当初の予定より大幅に遅れることとなった。ようやく出版に漕ぎつけることができたのは，ひとえに筑波書房の方々，とりわけ代表取締役・鶴見治彦氏のご支援によるものである。この場を借りて心よりお礼申し上げたい。

　本書は主要な読者層として大学生を想定した解説書である。とはいえ，農業者はもとより食や農に関連する様々な事業者，農業・食料政策に関与する行政担当者や研究者にとっての基礎的な書物として，あるいは消費者にとっては，これからの食品・農産物の流通のあり方を考える上での入門書として広く利用いただければ幸いである。

2019年3月

日本農業市場学会「農産物・食品の市場と流通」編集委員
小野雅之・木立真直・坂爪浩史・杉村泰彦

※本文中の用語解説の用語は初出を**太字**にした。

目次

はしがき ·· iii

第Ⅰ部 基礎編

第1章 今日の食料・農業と食品の流通を見る視点 ···················· 2
1 私たちの生活と流通 ·· 3
2 農産物・食品流通をめぐる環境変化 ······························· 4
3 食料消費・食生活の変化 ·· 8
4 農水産業の動向と農水産物輸入の増加 ··························· 11
5 農産物・食品の流通に求められるもの ··························· 13

第2章 食品流通のしくみと価格形成 ·· 18
1 食品の特徴と食品流通の意義 ······································ 19
2 食品の流通組織体 ·· 20
3 食品流通とフードシステム―農場から食卓まで― ············ 22
4 食品の需要，供給，均衡価格 ······································ 24
5 需要曲線，供給曲線の変化と価格弾力性 ······················· 26
6 食品の価格不安定性 ··· 30
7 価格発見 ·· 33

第3章 農産物・食品の流通機構 ·· 36
1 流通の基本的概念と流通機能 ······································ 37
2 商業組織の発展と流通機構 ··· 39
3 農産物卸売市場流通の成立と展開方向 ·························· 42
4 スーパー・チェーンの発展と小売大規模化の功罪 ············ 43
5 小売業におけるIT活用と流通機能の高度化 ··················· 45
6 農産物・食品流通の現段階的特質と展開方向 ·················· 47

第Ⅱ部　品目編

第4章　米 ………………………………………………………… 52
 1　市場政策の概要 ……………………………………………… 53
 2　食管法下の米市場 …………………………………………… 54
 3　旧食糧法下の米市場 ………………………………………… 57
 4　改正食糧法下の米市場 ……………………………………… 60

第5章　青果物 …………………………………………………… 64
 1　青果物の需要構成と流通経路 ……………………………… 65
 2　卸売市場流通と価格形成 …………………………………… 70
 3　卸売市場外流通の多様性 …………………………………… 72

第6章　水産物 …………………………………………………… 76
 1　わが国の水産物市場の動向 ………………………………… 77
 2　水産物の流通 ………………………………………………… 79
 3　スーパーをめぐる流通変化 ………………………………… 83
 4　水産物の消費の動向 ………………………………………… 85
 5　わが国の漁業とこれからの水産物流通 …………………… 85

第7章　食肉 ……………………………………………………… 90
 1　食肉需給の推移と消費の変化 ……………………………… 91
 2　食肉流通過程の特徴と商品形態の変化 …………………… 93
 3　食肉の流通ルートと流通段階別にみた機能と役割 ……… 94

第8章　牛乳・乳製品 …………………………………………… 106
 1　牛乳・乳製品の商品特性 …………………………………… 107
 2　牛乳・乳製品に関する政策・制度 ………………………… 109

3　牛乳・乳製品の需給動向　　　　　　　　　　　　　　　　　　　*111*
　　4　生乳の流通・取引と生産構造　　　　　　　　　　　　　　　　　*114*
　　5　牛乳・乳製品の消費と生産　　　　　　　　　　　　　　　　　　*117*

第9章　花き　　　　　　　　　　　　　　　　　　　　　　　　　　　*124*
　　1　花きの商品特性と消費・小売の特徴　　　　　　　　　　　　　　*125*
　　2　花き流通の動向と特徴　　　　　　　　　　　　　　　　　　　　*128*
　　3　花き卸売市場の特徴と動向　　　　　　　　　　　　　　　　　　*131*

第10章　小麦・大豆　　　　　　　　　　　　　　　　　　　　　　　　*138*
　　1　小麦・大豆をめぐる輸入・国内生産の動向　　　　　　　　　　　*139*
　　2　小麦・大豆の消費動向　　　　　　　　　　　　　　　　　　　　*141*
　　3　小麦・大豆の流通　　　　　　　　　　　　　　　　　　　　　　*142*
　　4　小麦・大豆の国内生産と価格・所得政策　　　　　　　　　　　　*145*
　　5　小麦・大豆の国内生産の今後の展望　　　　　　　　　　　　　　*146*

第11章　加工食品　　　　　　　　　　　　　　　　　　　　　　　　　*150*
　　1　食品卸売業の存立基盤　　　　　　　　　　　　　　　　　　　　*151*
　　2　加工食品の流通経路と食品卸売業の動向　　　　　　　　　　　　*151*
　　3　食品卸売業の構造変化　　　　　　　　　　　　　　　　　　　　*155*
　　4　これからの加工食品流通と食品卸売業　　　　　　　　　　　　　*164*

　　　　　　　　　　　　第Ⅲ部　課題編

第12章　農産物の国際貿易とわが国の食料・農産物の輸入と輸出　　　　*170*
　　1　農産物の国際貿易を分析する枠組み　　　　　　　　　　　　　　*171*
　　2　わが国の食料・農産物の輸出と輸入　　　　　　　　　　　　　　*172*
　　3　国際農産物市場と多国籍アグリビジネス　　　　　　　　　　　　*176*
　　4　農産物貿易の国際協定・枠組み―WTO，FTA，そしてTPP―　　　*180*

第13章　食品の安全性と消費者の信頼確保 …… *186*
- ① 食品の安全性とは …… *187*
- ② 流通過程と食品の安全性 …… *188*
- ③ 食品の安全性問題と食品安全行政 …… *189*
- ④ 食品の安全性確保のための仕組み …… *192*
- ⑤ 食品の安全性をめぐるこれからの課題 …… *196*

第14章　食品の物流管理と青果物 …… *200*
- ① 物流の経済学的性格と技術 …… *201*
- ② 青果物物流と地球温暖化 …… *205*
- ③ 青果物の不生産的流通費の削減 …… *208*
- ④ 物流技術利用方法の転換 …… *212*

第15章　農産物・食品の流通と環境・資源 …… *216*
- ① 農産物・食品の流通と環境・資源問題 …… *217*
- ② 農産物・食品の流通と廃棄物問題 …… *218*
- ③ 食品廃棄物 …… *220*
- ④ 食品容器包装廃棄物 …… *223*
- ⑤ 循環型社会形成と流通 …… *226*

第Ⅰ部

基礎編

第1章　今日の食料・農業と食品の流通を見る視点

事前学習（あらかじめ学んでおこう，調べておこう）

（1）1週間の食生活を記録して，どのような食品を食べたり，外食や中食をどの程度利用したりしているか，調べてみよう。
（2）食料や農業に関する最近の新聞やテレビ，インターネットなどのニュースのなかで関心を引かれたニュースについて，調べてみよう。

キーワード

　　グローバリゼーション，食料消費の高級化・多様化，食の外部化・簡便化，食料自給率，農水産物輸入

第1章　今日の食料・農業と食品の流通を見る視点

1　私たちの生活と流通

　私たちは，毎日の生活のなかで様々な商品やサービスを購入し，消費している。商品やサービスのなかでも食品は，生命の源として必需性を持つとともに嗜好性を持つことから，多くの種類の食品のなかからそれぞれの好みと支払能力に応じて選択をして消費している。身近にあるスーパーマーケットやコンビニエンスストアでは，生鮮食品や加工食品，調理食品，弁当や惣菜など多くの種類の食品が販売されているし，数多くの飲食店もある。これらの食品は，農水産業で生産された農水産物や，それを原料とした加工食品，農水産物や加工食品を調理した外食，持ち帰り弁当や惣菜などの中食からなっているが，その生産は農業者，漁業者，食品製造業，外食産業，弁当・惣菜製造業などであり，消費者とは異なっている。また，生産の場所も消費される場所とは異なっており，生産される時点も消費される時点よりは先行している場合が多い。

　このように，今日の農水産物や食品の生産と消費には，人，場所，時間などの隔たりがある。本書で取りあげる流通は，このような隔たりがある生産と消費を結びつける役割をしている。社会の発展にともなって様々な分業関係が広がることから，生産と消費の人，場所，時間の隔たりは大きくなり，それによって情報の隔たりや心理的な隔たりも発生してくる。したがって，今日の社会では流通の役割が非常に大きなものになっている。

　流通のしくみは，それぞれの国の社会や経済のあり方に基づいて形成され，社会や経済の変化にともなって変化している。流通が生産と消費を結びつけることから，流通のしくみも生産と消費の状況やその変化によって影響を受けることになる。さらには，流通のしくみに直接・間接に影響を及ぼす要因として，社会や経済の変化，政府の政策，交通・通信のしくみなどがあげられる。もちろん，このような外部環境の下で，農水産物・食品の流通に関わる多様な主体がどのような行動をとるかは，流通のしくみや役割にとって最

も重要な点である。

　本書では，私たちが生活するうえでの必需品である農水産物・食品を対象に，流通のしくみと役割，その変化を述べていく。まず本章では，今日の農水産物・食品の市場と流通を考える際の基本的な視点について学ぶ。

2　農産物・食品流通をめぐる環境変化

グローバリゼーションの進展

　農水産物・食品の流通に影響を与える外部環境には多様なものがあるが，社会・経済全体の外部環境として，グローバリゼーションの進展，1990年代半ば以降のわが国経済の長期的な停滞と格差の拡大，規制緩和政策の推進，人口・世帯構成の変化，情報通信技術（ICT）の発展，を取り上げておこう。

　グローバリゼーションとは，ヒト，モノ，カネが国境を越えて自由に移動できるようになることであるが，今日のグローバリゼーションはそれに留まらず，「超国籍企業」や「地球企業」とも呼ばれるような巨大企業が，国境を越えて世界全体で利潤追求のための活動を自由に行えるようにするために，国際的なルールや国内ルールを統一しようとすることである。特に1995年のWTO（世界貿易機関）発足と，2000年代に増加した複数の国・地域の間で自由貿易協定（FTA）や経済連携協定（EPA）によって，国境を越えたヒト，モノ，カネの移動が一層容易になるようなルール作りが進められている。わが国でも，2018年3月末までに20の国・地域との間で16のFTA/EPA協定を締結しており，TPP11と日EU・EPAも発効したところである。さらにRCEP（東アジア地域包括的経済連携，ASEAN10ヵ国＋日本，中国，韓国など6ヵ国）などによって，今後もわが国の経済・社会がいっそう強くグローバルな経済体制に包摂されていくことになる。

経済の長期的な停滞と格差の拡大

　わが国経済は，1950年代半ばから1970年代はじめの高度経済成長期を経た

第1章　今日の食料・農業と食品の流通を見る視点

あと安定成長期へと移行し，1980年代後半から1990年代初頭のバブル経済を経験する。これらの時期には，成長率に差はあっても経済成長を続けており，国民の所得も増加した。しかし，バブル経済崩壊後の国内総生産（GDP，名目値）は1997年533兆円から2015年534兆円とほぼ横ばいで推移しており，「失われた20年」とも言われる長期的な停滞を続けている。経済の長期停滞は，家計にも影響を及ぼし，1990年代末からのデフレーションのもとで消費者の価格志向が強まった。その結果，食料消費額も1995年83.1兆円から2011年76.3兆円へと減少している[1]。

さらに，経済が長期的に停滞するなかで，1990年代後半に格差の拡大が指摘されはじめ，2000年代には貧困化が指摘されるようになった。厚生労働省「国民生活基礎調査」によれば1世帯平均所得は1994年664万円から2015年545万円へと減少している。さらに貧困線が1997年149万円から2015年122万円へと低下したにもかかわらず，相対的貧困率は1997年の14.6％から2015年には15.7％（ひとり親世帯では50.8％）へと高まっている[2]。格差の拡大，貧困化の進行によって，経済的な面から良質な食品の入手に困難をきたす消費者が増加していることから，各地で**フードバンクや子ども食堂**などの取り組みが広がっている。

規制緩和政策の推進

　規制緩和とは，民間事業者の経済活動に対する政府の規制を緩和し，自由な経済活動を行える条件を作り出すことである。規制緩和には，経済活動を活発化させるという効果があるが，行きすぎると国民生活や社会に負の影響をもたらすことにもなる。わが国では，1980年代の行財政改革以降，規制緩和が進められており，特に近年では「規制改革」の動きがさらに強まっている。これは，市場原理を徹底することで経済活動が発展するという「新自由主義」の考え方に基づくものであり，「経済的規制は原則廃止，社会的規制は必要最小限にする」[3]という方針に基づいて，様々な面で規制緩和が進められてきた。

農水産物は生産者，消費者ともに小規模多数であることから，流通に対する政府の関与が大きく，法律などによって制度化された流通のしくみが作られてきたという特徴を持つ。しかし，この政府の関与は規制緩和政策によって大きく縮小してきた。その結果，消費者の食品購買行動や食品流通業の変化ともあいまって，第Ⅱ部の各章で取り上げられるように米をはじめとして農水産物や食品の流通が大きく変貌してきた。

人口・世帯構成の変化

わが国の人口は，2008年1億2,808万人をピークに減少に転じた（2015年1億2,710万人）。人口の減少とともに高齢化も進んでおり，65歳以上の高齢人口の割合は2000年17.4％から2015年には26.6％へと高まっている（**表1-1**）。

また，世帯構成にも大きな変化が生じている。人口の減少にもかかわらず総世帯数は増加しており，世帯構成員の少人数化が進んでいる。それを端的に表しているのが単身世帯，特に高齢単身世帯や，夫婦のみ世帯の割合の上昇である[4]。また，女性の社会進出が進んでいることから，既婚女性の就業率が高まり，夫婦共働き世帯の数も増加している。専業主婦世帯が多かったわが国でも，共働き世帯は1990年代に専業主婦世帯とほぼ同数になり，2015年には1,114万世帯と専業主婦世帯687万世帯を大きく上まわるようになっている[5]。このような世帯規模の縮小と共働き世帯の増加は，後に述べるように食の外部化・簡便化を進める消費者側の要因となった。

また，大規模小売店舗の増加によって一般小売店が減少したことや，大規模小売チェーンの店舗のスクラップ・アンド・ビルドによって，買い物のための身体能力が低下し，移動手段をもたない高齢単身世帯を中心に，**最寄品**である食品，特に生鮮食品の入手に困難をきたす人たちが増加している[6]。

ICTの発達

流通に影響を及ぼす要因の一つである情報通信技術（ICT）の発展にはめざましいものがある。流通におけるICTの活用は，1980年代において大規模

表 1-1 食料消費と農業の動向に関する諸指標

			単位	1960年	1980年	2000年	2015年
食料消費に関する指標	人口		万人	9,342	11,706	12,693	12,710
	うち65歳以上の割合		%	5.7	9.1	17.4	26.6
	総世帯数		万世帯	2,257	3,602	4,706	5,345
	1世帯当たり世帯員数		人	4.18	3.25	2.58	2.33
	1人1日当たり供給熱量		kcal	2,291	2,563	2,643	2,416
	同割合	穀類	%	62.8	43.4	36.8	36.3
		うち米	%	48.0	29.2	23.0	21.5
		畜産物	%	3.9	12.1	15.4	16.8
		魚介類	%	3.8	5.2	5.1	4.2
	PFC比率（摂取ベース）	P（たんぱく質）	%	13.3	15.0	16.0	14.7
		F（脂質）	%	10.6	22.6	26.5	26.9
		C（糖質）	%	76.1	62.4	57.5	58.4
農業に関する指標	総農家戸数		万戸	606	466	312	216
	農業就業人口		万人	1,454	697	389	210
	うち65歳以上割合		%	—	24.5	52.9	63.5
	耕地面積		千ha	6,071	5,461	4,830	4,496
	作物作付延べ面積		千ha	8,129	5,706	4,563	4,127
	耕地利用率		%	133.9	104.5	84.5	91.8
	農業産出額		億円	19,148	102,625	91,295	87,979
	農水産物国内生産量	米	千t	1,286	975	949	843
		小麦	千t	153	58	69	100
		いも類	千t	987	474	397	322
		大豆	千t	42	17	24	24
		野菜	千t	1,174	1,663	1,370	1,186
		果実	千t	331	620	385	297
		肉類	千t	58	301	298	327
		鶏卵	千t	70	199	254	254
		生乳	千t	194	650	841	741
		魚介類	千t	580	1,043	574	419
	食料自給率	穀物	%	82	33	28	29
		供給熱量	%	79	53	40	39

資料：総務省「国勢調査」，厚生労働省「国民栄養調査」，「国民健康・栄養調査」，農林水産省「食料・農業・農村白書参考統計表」，「食料需給表」による。
注：農業就業人口の1990年以降は販売農家の数値。

小売業がPOS（販売時点情報管理）システム導入による販売情報の迅速かつ正確な把握と，EOS（電子発注システム）やEDI（電子情報交換システム）の導入による受発注の効率化を進めたことによって急速に広がり，大規模小売業が流通の主導権を握る基盤となった。近年には，電子商取引(Eコマース)が企業間（B to B），企業と消費者間（B to C），消費者間（C to C）で広がっており，食品でも増えつつある。

また，1990年代半ば以降にインターネットが普及したことで，消費者が情報に容易にアクセスできるようになり，情報の発信も可能になった。しかし，消費者が膨大な情報のなかから正しい情報，真に必要な情報を取捨選択することは難しく，食品に関する科学的根拠がない情報を盲信してしまう「フードファディズム」に陥り，バランスを欠いた食行動を行う危険性もある。

3　食料消費・食生活の変化

食料消費の洋風化，高級化，多様化

今日の私たちの食生活は，さまざまな食品や食事の場が提供され，時間や場所の制約を受けることなく，好みや支払能力に応じて選択できる一見したところ豊かで多様なものとなっている。ここでは，食料消費の洋風化・高級化・多様化と，食の外部化・簡便化をキーワードとして食料消費と食生活の変化を捉えることにする（具体的な数値は前掲**表1-1**に示した）。

わが国の食料消費は，第2次世界大戦直後の深刻な食料不足を経験した後，1950年代半ば以降の高度経済成長過程での所得の増加にともなって，洋風化・高級化・多様化といわれる動きが進んだ。食料消費全体の動向を示す指標として1人1日当たり供給熱量を示すと，1955年度2,217kcalから1985年度には2,597kcalへと増加した。この過程で，米の消費減少とパン類や各種めん類，青果物や畜産物，魚介類，砂糖類，油脂類の消費が増加した。特に，パン類や肉類，牛乳・牛製品の消費の増加によって洋風化が進むとともに，カロリー単価の高い食品や同種の食品群のなかでの単価の高い食品の消費が増加する高級化が進んだ。その結果，1980年前後には，米を中心としながらもパン類や各種めん類を組み合わせた主食，伝統的なタンパク質源である魚介類や豆類に肉類を組み合わせた主菜，野菜などの副菜，といった多様な食品を消費する食生活（「日本型食生活」）が形成された。栄養の摂取バランスを示すP（タンパク質），F（脂質），C（糖質）比率が，1980年には摂取割合でそれぞれ15.0％，22.6％，62.4％と，当時の国民の体型や活動内容からみてほぼ

適正な比率となったことも「日本型食生活」の内容となる。この当時の食生活を表す言葉として，1980年代には「豊食」や「飽食」が使われるようになった。

　このような食料消費の全体としての増加と洋風化・高級化・多様化は，農水産物の供給の面では，野菜や肉類，牛乳・乳製品，水産物などの国内生産の増加とともに，それを上まわって増加した小麦，飼料穀物，大豆をはじめとする輸入農水産物への依存によって進んだものであった。また，食品製造業が新たな加工食品の開発をはじめとして生産を増加させたこと，1950年代半ばに誕生したスーパーマーケットが食品小売業のなかでの地位を確立したこと，1970年代はじめにファミリーレストランやファストフードなど外食チェーンが登場したことなども，食料消費の洋風化，高級化，多様化を進めた要因である。同時に，洋風化・高級化が進むなかで，わが国の伝統的な食生活が失われてきたことも見逃せない。

食の外部化・簡便化

　ところが，1980年代半ばを過ぎると1人1日当たり供給熱量が2,600kcal台で推移するようになり，食料消費が成熟化・飽和化するとともに，1996年度2,670kcalをピークに減少傾向をたどっている（2015年度2,416kcal）。

　この過程で，食料消費の多様化が引き続いて進むとともに，食の外部化・簡便化が進むようになった[7]。食料消費の形態は，調理する場所，調理する主体，食事する場所の違いによって，内食，中食，外食に分けられる。内食とは，このいずれもが家庭内で行われるものであり，逆にこれらが家庭外で行われるものが外食である。中食とは，調理する場所と主体は家庭外であるが，食事は家庭内で行われるものであり，具体的には持ち帰り弁当やおにぎり，冷凍調理食品，惣菜などを購入して消費することを指す。また，食の外部化とは，これまで家庭で行われていた食事労働の一部または全部が家庭外で行われることを意味し，簡便化とは食事に関する労働が節約されることを意味する。いずれも外食，中食による消費の増加という形をとって進むも

のである。

　ところで，食事労働には規模の経済が働くために，世帯規模が縮小するほど1食あたりの食事労働費用は大きくなり，調理食品の価格を相対的に引き下げることになる。そのことが，単身世帯の食料費支出に占める外食・中食の割合を高めることにつながった。また，女性の就業率が高まることによって，食事労働の機会費用が高まることになり，内食に比べて調理食品や外食の価格が相対的に安くなる。したがって，女性の就業率の上昇と共働き世帯の増加，世帯規模の縮小，特に単身世帯の増加などが，食の外部化・簡便化をもたらした消費者側の要因である[8]。

　同時に，食品産業の側も消費者側のこのような志向に対応した。外食チェーンの店舗数が増加したこと，1970年代半ばに登場したコンビニエンスストアが1990年代に入って中食の販売を本格化させたこと，それに対抗してスーパーマーケットが1990年代半ば以降に弁当や惣菜の販売を拡大したこと，食品製造業がさまざまな冷凍調理食品の開発・販売を進めたことなどは，食の外部化・簡便化を食品産業の側から進めることになった。

今日の食料消費・食生活をめぐる課題

　その結果，今日では「利便性提供型の食料供給システム」[9]が形成され，それに支えられた食生活が形成されている。このような食生活のなかで，2000年代はじめには「崩食」という言葉も使われるようになり[10]，朝食欠食などの食習慣の乱れ，摂取熱量の減少，ビタミンやミネラルなどの栄養素摂取量の減少，脂質摂取の増加をはじめとする栄養バランスの崩れ（2015年のPFC比率は，14.7％，26.9％，58.4％），家族が一人ひとり別々に食事をする「孤食」や別々のものを食べる「個食」の広がりなど，食生活をめぐるさまざまな問題が生じている。

　食生活をめぐるこのような問題に対して，2000年には「食生活指針」が策定され，さらに2005年に制定された食育基本法と，それに基づいて策定された「食育推進基本計画」によって，食生活の見直し，改善に向けた取り組み

が進められている。

　また，2000年代に入って食品の安全性や消費者の信頼を揺るがす問題が多発したことから，食品安全基本法（2003年制定）をはじめとした食品の安全と消費者の信頼を確保するための取り組みが強められている。

　さらに，食品の製造段階，流通段階，外食産業・家庭での調理・飲食段階で大量の食品廃棄が発生している。国連の持続可能な開発目標（SDGs）の一つに2030年までに1人当たり食品廃棄を半減させることが掲げられているように，その削減（Reduce）に加えて再生利用・再資源化（Reuse, Recycle）が課題になっている。このような点から，農水産物や食品の供給にあたる動脈流通に加えて，廃棄物の回収から再生利用・再資源化につなげる静脈流通の役割が重視されるようになっている。

4　農水産業の動向と農水産物輸入の増加

農水産業の動向

　農水産物の供給は，国内生産と輸入，備蓄・在庫の取り崩しによって行われるが，なかでも国内生産が基本となるべきものである。この農水産物の生産を担当する農水産業は，国内消費が飽和化するもとで，輸入農産物との競合や価格低迷によって大幅な縮小傾向をたどってきた。具体的には，農漁家世帯の減少，農漁業就業者の減少と高齢化，農業の生産基盤である耕地面積の減少，耕作放棄地・不作付地の増加と作物作付延べ面積の減少，国内生産量の減少と価格低迷による産出額の減少などである（以上の具体的な数値は前掲表1-1に示した）。

　近年には，大規模農業経営の増加や農業参入企業の増加がみられ，政府はこれらの農業者が農業生産の大宗を担う農業構造の実現をめざしている。しかし，小規模・兼業農家などを中心とした集落営農の取り組み，勤務先を定年退職した後に農業を始める「定年帰農」や勤務先を中途退職して農業に参入する動き，都市から農山漁村に移住する「田園回帰」の動き，「農業女子」

と注目されている女性の農水産業での活躍の場の拡大など，さまざまな動きもみられることから，これらの多様な担い手も含めた農水産業のあり方を考えることが必要である。

また，農漁業者が，農水産物の生産（1次産業）だけではなく，加工（2次産業）や販売（3次産業）を行うようになる6次産業化や，食品製造業者，流通業者と連携する農商工連携など，農漁業者が主体となって農水産物の付加価値を高めていく取り組みも広がっている。

さらに，政府は「農林水産業の成長産業化」の一環として，2013年にユネスコ無形文化遺産に登録された「和食」の海外での広がりに着目して，農水産物輸出の拡大を進めている。ただ，農水産物の輸出にも，国産品の輸出価格と現地価格・競合国の価格との格差や為替相場の変動などの制約要因がある。

農水産物輸入の増加と食料自給率の低下

国内生産の減少に対して，農水産物や食品の供給においてウエイトを高めているのが輸入農水産物である。第2次世界大戦後の農水産物輸入は，戦争直後の食料不足の時代に援助を受けたことから始まり，1960年代以降に農水産物の輸入が順次自由化されたことや，1980年代半ば以降の円高による内外価格差の拡大によって増加してきた。なかでも，1980年代半ば以降には，それまで農産物輸入の中心であった穀物（麦類，飼料穀物）と大豆といった国内生産で需要に対応しにくい農産物に加えて，野菜，果実，肉類，魚介類といった国産農水産物と競合する生鮮農水産物の輸入が増加したこと，農水産物に加えてその一次加工品，最終加工品輸入が増加していること，これらの輸入品が主として食品産業（食品製造業，外食産業，中食産業）で用いられていること，といった特徴がある。また，わが国の農水産物輸入先が特定国に集中していることも特徴の一つであり，輸出国での気象変動等による生産の変動や貿易政策，為替相場の変動，家畜の疾病（鳥インフルエンザ，口蹄疫など）の発生などによる影響を受けやすく，不安定性を持っている。この

ように，一見したところ豊かな今日の食生活は，ますますグローバル化するとともに不安定性・脆弱性をもつ供給基盤のうえに成り立っていることを見逃すことはできない。

　国内生産の減少と輸入増加の結果が食料自給率の低下である。食料自給率には米や野菜など各品目の重量ベースの自給率（品目別自給率）と，供給熱量や生産額でみた総合自給率があるが，1960年度から2015年度の間に，穀物自給率は82％から29％へ，供給熱量ベースの自給率は79％から39％へ，生産額ベースの自給率は93％から68％へと，いずれも大きく低下している。政府は，食料・農業・農村基本法（1999年制定）に基づいて策定した「食料・農業・農村基本計画」（第4次，2015年）のなかで，2025年度に供給熱量ベースの食料自給率を45％に向上させる目標を掲げており，その実現に向けた取り組みが課題となっている。

農水産業が果たす多面的な役割

　以上のように農水産物の供給における国内生産のウエイトは大きく低下した。しかし，農水産業は，食料供給のための農水産物生産という役割（産業としての農水産業の経済的機能）に加えて，国土保全や水源涵養，生物多様性の維持，伝統文化の継承など多面的機能を発揮することによって，社会全体にも貢献していることを見逃してはならない。また，農山漁村の地域社会の維持や活性化にとっても，基幹産業の一つである農水産業の果たす役割は大きい。経済的機能のみに着目するのではなく，地域社会や国民全体への役割を含めて農水産業の役割を捉え，その維持と活性化に向けた取り組みを，国全体の課題として進めていくことが必要である。

5　農産物・食品の流通に求められるもの

　最初に述べたように，食料は人の生存にとっての絶対的な必需財であり，すべての消費者が確実に入手できる必要がある。同時に，直接体内に摂取す

ることから，安全であることは必須条件である。また，食料消費の高級化・多様化が進んだことから，消費者の嗜好に対応した美味しくて多様な種類の農水産物や食品を供給することも重要である。さらに，農水産物・食品の流通においては，経済的効率性に加えて時間的効率性，品揃えの効率性も求められる。しかし，わが国では，輸入農水産物や加工食品・調理食品，外食の増加，食の外部化・簡便化が進むなかで，集団食中毒など食品の安全性をめぐる問題と，偽装表示など消費者の信頼を損なう問題が多発してきた。また，前述したように，経済的な条件や身体的・社会的条件から，食品へのアクセスに困難をきたす人たちが増加しているという問題も生じている。したがって，これらの問題を解決して，安全で良質な食品を，すべての人が安定的かつ確実に，しかも効率的に入手できるしくみを作ることは，流通に求められる最も基本的な役割である。

同時に，食料供給の基本は国内の農水産業に立脚したものであり，それが多様な農水産物・食品の供給や伝統的な食文化の継承にもつながる。もちろん，輸入された農水産物や加工食品が消費者に多様な食品の選択や利便性を提供してきたことは否定できないが，同時に**地産地消**や**スローフード**などの取り組みを通じて，簡便化・ファストフード化が進んでいる今日の食生活を見直し，地域の旬の農水産物や伝統的な食品を提供するしくみが求められる。それは，農水産物や食品の供給システムがグローバル化するなかでいっそう拡大している食と農の隔たり，とりわけ情報の隔たりや心理的な隔たりを可能な限り短縮していくことにもつながる。

さらに，農水産物・食品の流通は，生産者・卸売業者・小売業者・外食業者といった多段階から構成されるものであり，その全体を通じた取引の連鎖が形成されている。このそれぞれの取引において，公正な取引を確保していくことが必要である。今日では，小売業者や外食業者の大規模化が進み，バイイング・パワーを強めているとともに，企業間で激しい競争を繰り広げていることから，農水産物や加工食品の調達において納入業者へのしわ寄せが強まり，時として**優越的地位の濫用**行為も生じている。過度のバイイング・

パワーの行使は，川上の農漁業者へも波及し，価格の低迷をまねく一因になるとともに，偽装表示等の食品事故の発生要因にもなり，消費者にもマイナスの影響を及ぼすことになる。食料・農産物の流通全体を通して公正な取引を確保していくことが求められている。

　これから農水産物と食品の流通を学ぶうえでも，このような視点をもって学んで欲しい。

注
（1）農林水産省「2011年農林漁業及び関連産業を中心とした産業連関表」2016年3月。
（2）貧困線とは等価可処分所得の中央値の半分を指し，相対貧困率とは貧困線に満たない世帯員の割合である。
（3）経済改革委員会「規制緩和について」1993年11月。
（4）総務省「国勢調査」によると，単身世帯の割合は2000年27.6％から2015年35.3％（うち世帯主65歳以上の割合は6.5％から11.1％），夫婦のみ世帯の割合は18.9％から20.1％へと高まっている。
（5）総務省「労働力調査」による。
（6）「フードデザート」，「買物弱者」，「食料品アクセス問題」などと呼ばれる。農林水産政策研究所の推計によれば，食料品アクセス困難人口（店舗まで500m以上かつ自動車利用困難な65歳以上の高齢者）の数は2005年678万人から2015年には825万人に増加しており，65歳以上人口の25％を占めている。
（7）時子山ひろみ・荏開津典生・中嶋康博『フードシステムの経済学　第5版』（医歯薬出版株式会社，2015年），58〜59ページ。
（8）食の安全安心財団の推計による食の外部化率（食料・飲料支出額に占める外食・中食市場規模の割合）は1975年28.4％から2015年には43.5％へと高まっている。
（9）小林茂典「食料消費と食生活をめぐる環境の変化」日本農業市場学会編『食料・農産物の流通と市場Ⅱ』（筑波書房，2008年），15ページ。
（10）NHK放送文化研究所世論調査部編『「崩食」と「放食」』（NHK出版，2006年）。

参考文献
［1］時子山ひろみ・荏開津典生・中嶋康博『フードシステムの経済学　第5版』（医歯薬出版株式会社，2015年）
［2］高橋正郎監修・清水みゆき編著『食料経済学　第5版』（オーム社，2016年）
［3］村上陽子・柴崎希美夫編著『食の経済入門』（農林統計出版，2018年）
［4］斎藤修監修・茂野隆一・武見ゆかり編集『現代の食生活と消費行動』（農林統

計出版，2016年）
［5］新山陽子編著『フードシステムと日本農業』（放送大学教育振興会，2018年）

用語解説 ………………………………………………………………………

最寄品
　消費者の購入頻度が高く，単価の安い商品をさす。このような商品の購入にあたって，消費者は買い物のための時間や経費を節約するため，できるだけ身近な小売店で購入しようとする。食品は代表的な最寄品である。なお，消費者が多くの小売店を回って購入するような商品を買回品，特定のブランド店などで購入するような商品を専門品という。

フードバンク・子ども食堂
　フードバンクは，製造工程等で発生する規格外品などを引き取り，福祉施設などへ無償で提供することによって食品ロスの削減を図るとともに，生活困窮者等への食料支援を目的とする活動。子ども食堂とは，子どもに無料または低額で食事を提供することで貧困家庭の子どもを支援するとともに，地域の交流・共食の場を提供する活動。

地産地消
　地域で生産されたものをその地域内で消費すること。生産者と消費者との距離が近く，互いの「顔の見える」関係の構築が期待されている。2010年に制定された「地域資源を活用した農林漁業者等による新事業の創出等及び農林水産物の利用促進に関する法律」に基づいて，農水産物直売所での販売や，学校給食などでの地場産品の活用が進められている。

スローフード
　1980年代にイタリアで提唱された運動であり，ファストフードに対して，地域の食文化や食材の見直し，小規模な農漁業者や食品製造業者，食品流通業者への支援，などを広げようとする取り組み。

優越的地位の濫用
　取引上の地位が取引相手に対して優越している者が，その地位を利用して取引相手に対して正常の商慣習に照らして不当に不利益を与える行為。独占禁止法によって禁止されている。

事後学習（さらに学んでみよう，調べてみよう） ………………………

（1）わが国の食料消費や農水産物生産・輸入の動向を，農林水産省「食料需給表」や総務省「家計調査」などの統計資料を用いて調べ，どのような変化が生じ

第1章　今日の食料・農業と食品の流通を見る視点

てきたのか，確認してみよう。
（2）本章で取り上げたフードバンク，子ども食堂，地産地消，6次産業化などについて，具体的な取り組みの事例を調べて，レポートをまとめてみよう。
（3）農林水産省「食料・農業・農村白書」を読んだり，農林水産省ホームページを調べたりして，食料自給率向上のためにどのような取り組みが行われているのかを確認し，私たちに何ができるのかを考えてみよう。

[小野雅之]

第2章　食品流通のしくみと価格形成

事前学習（あらかじめ学んでおこう，調べておこう）

　　この章では食品流通の基本的しくみと価格理論の基本部分を学ぶ。事前に坂井豊貴『ミクロ経済学入門の入門』（岩波新書，2017年）などを読んで，ミクロ経済学の考え方を学んでおこう。

キーワード

　流通機能，需要曲線，供給曲線，くもの巣モデル，バーゲニング・パワー

1 食品の特徴と食品流通の意義

　食品は，食用農水産物と加工食品に分類できる。ここで言う農水産物とは，穀物，野菜，果物，肉類，牛乳，鮮魚等を含む。もちろん，この中には生乳から加工される牛乳や家畜をと殺，加工してできる肉類なども含んでいる。これらの食品は第一次産業の生産物としての商品特性が強く，新鮮さが求められる。

　これらの生鮮農水産物には，①貯蔵性に乏しい，②規格化が困難，③製品差別化が困難という特徴がある。これら3つの特徴は，これらの農水産物の流通のしくみを規定する要因となる。加工食品は，ドライ食品，比較的鮮度を重視される日配食品，冷凍食品に分類されるが，農水産物に比べると，上記の3つの特徴による制約は弱くなる。

　ところで，食品の生産者と消費者には大きな懸隔が存在している。米を例にとってみよう。新潟県は代表的な米の産地であるが，新潟県産の米をすべて県内で消費できるわけではない。逆に，九州で新潟の米を食べたいと思っても個々の消費者が手に入れることは容易ではない。つまり，まず第1に空間的な懸隔を埋める機能が必要となる。

　第2に，消費者はいつでも多種多様の食品を消費したいという欲求に駆られるが，米の収穫期は出来秋に集中にしており，これを安定的に周年供給する機能が必要となる。つまり，時間的懸隔を埋める機能が必要となる。

　第3に，消費者は，収穫された籾を直接食べるわけではなく，玄米，白米に形態を変えることによって食べることができる。つまり，形態の懸隔を埋める機能が必要である。

　第4に，一人の消費者が，大量の籾を保有している近隣の農家から，食べるだけのわずかな量の米を，いつでも購入できる訳ではない。誰かがわずかな量を所有して，消費者に販売する必要がある。つまり，所有の懸隔があり，その所有の懸隔を埋める機能が必要となる。

第Ⅰ部　基礎編

　このように，空間，時間，形態，所有の懸隔を埋めるには，生産者と消費者が直接その機能を果たすよりも，専門的に分化した中間業者が果たした方がよいこともある。いずれにしろ，これらの懸隔を埋める機能は必要であり，これを流通機能という。
　流通機能およびそれを担う流通機構の理論については，第３章で述べる。

2　食品の流通組織体

　上記の４つの懸隔を埋める流通機能を生産者と消費者がそれぞれ分担して果たせば，直接的な取引が可能である。これを直接流通という。一方，これらの機能を第三者である中間業者が果たすことで，両者は直接的な取引ではなく，中間業者を介在させた取引となる。これを間接流通という。

直接流通

　先に，直接流通と間接流通について述べたが，農水産物の代表的直接流通の例として，産地直送と農産物直売所をあげることができる。もちろん，産地直送や直売所にも中間業者を介したものがあるが，農家自らが流通機能を負担する例も見受けられる。近年ではインターネットの普及によりホームページを開設して，いわゆるＥコマースで販売している例もある。
　ただ，直接流通の場合には，出荷する商品の調整，代金回収などのリスクを負っていることも確かである。米についても農家の独自販売が認められた食糧法制定以降，農家の直接販売が増えてきたが，近年ではやや頭打ちの傾向にある。

間接流通と流通組織体

　多くの場合，農畜産物では流通組織体が流通機能を果たしており，間接流通が主体である。流通組織体は①商業的中間業者，②代理人的中間業者，③加工・処理業者，④流通促進組織に分類される。

①商業的中間業者

　取り扱う商品の所有権を持ち，売買差益のマージンによってその利益を得る。これらの中間業者には，卸売業者と小売業者がある。わが国の卸売市場で商品を荷受けし，セリ取引などによって分荷する業務を行う卸売業者は，商品の所有権を持たず委託販売を行うことで手数料収入を得ており，次に述べる代理人的中間業者に該当する。青果市場，水産市場などでは仲卸業者が商業的中間業者に該当する。

②代理人的中間業者

　依頼人の代理人として活動を行い，商品に対する所有権を持たない。したがって，彼らが行う取引代行等のサービス（市場情報やノウハウ）に対する手数料が収入となる。この代理人的中間業者には，商品の集荷や物流に関わる業者と商品には物理的に関わらない業者がある。

　一般に農産物の生産者は零細で小口生産であるため，その販売力を強化しようとする観点から，農業者の団体である農業協同組合が販売を請け負っている共同販売（共販）が見受けられる。この場合，農協も産地出荷業者としての代理人的中間業者に位置づけられる。

③加工・処理業者

　生鮮農水産物を処理し，加工する業者であり，時間や形態，所有といった面で付加価値を形成する程度が高い。これらの業者は，籾摺りや野菜の一次加工処理といった軽度の加工から最終加工商品を製造する企業まで多様である。

④流通促進組織

　農畜産物の場合，規格化が困難といった理由から商物分離が難しいとされてきた。したがって，青果物，食肉，水産物については商品を前に公開の卸売市場で取引をする形態がかなり一般的である。卸売市場は多くの商品を一箇所に集荷し，公正に取引をするという意味において典型的な流通促進組織である。

　この他にも，畜産物取引の食肉センター，と畜場などがある。

3 食品流通とフードシステム―農場から食卓まで―

　以上のような流通組織体が介在して間接流通が主体となっているのは，以下のような理由による。第1に，流通組織体のような専門化した機関が進出することにより分業化の利益が図られ，生産者，消費者はそれぞれに特化した活動ができるためである。第2に，流通組織体の専門的な流通機能を発揮することにより，規模の経済性－平均費用の低下－が得られるからである。第3に，流通組織体の介在により，取引相手を探す探索コスト，取引相手と交渉するコスト，取引の履行を監視するコストからなる取引コストを削減できるからである。

　ところで，農家で生産された農産物は，自家消費される部分と，農家が直接消費者に販売する部分と，中間業者に販売（販売委託）される部分に分けられる。産地段階では集荷業者や農協が中間業者機能を果たす。そして，産地から卸売市場を経由してあるいは市場を経由せずに直接卸売業者などの手によって，小売業者に売り渡される。2014年時点では，食料品の購入先割合（二人以上世帯）は，スーパーマーケット51.2％，一般小売店10.1％，コンビニエンスストア3.3％，百貨店3.2％，生協等4.5％，その他27.8％となっており，スーパーマーケットが主な購入先となっている[1]。

　加工食品は，生鮮農水産物と異なって貯蔵性が高く，品質規格を整えることができるものが多く，商流と物流を切り離した流通（商物分離）が可能であり，食品卸売業者を介した流通が多い。この食品卸売業者を経由する加工食品は，常温での流通が可能である缶詰，調味料，油脂，スナック菓子，米菓子などドライ加工食品に多い。

　一方，貯蔵性が低く，鮮度が重視される加工食品は，食品問屋を経由せず，メーカーから小売店に直接販売される。これらの加工食品は，パン，ゆでめん，納豆，練り製品，肉加工品など日配食品と呼ばれるものである。

　冷凍加工食品は，一定温度以下の冷凍状態で流通される必要があり，メー

第2章　食品流通のしくみと価格形成

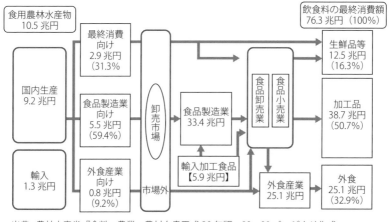

図2-1　最終消費からみた飲食費の流れ（2011年）

出典：農林水産省『食料・農業・農村白書平成30年版』89〜90ページより作成。

カーの流通センターからコールドチェーンによって小売店まで輸送される。

　産業連関表によって食料の生産から流通，消費に至るフードシステムの流れを見ると（**図2-1**），国内生産9.2兆円，食用農水産物は，外食向け0.8兆円（9.2％），加工向け5.5兆円（59.4％），直接消費向け（生鮮消費）2.9兆円（31.3％）となっている。外食向けと加工向けは一次加工品と最終製品の輸入を加え，いくつかの加工，製造，流通段階を経て付加価値が形成される。その結果，飲食費の最終段階では，生鮮品12.5兆円（16.3％）に対して加工品38.7兆円（50.7％），外食25.1兆円（32.9％）と，フードシステムにおいて，加工，流通の付加価値が極めて大きくなっているのである。また，1985年と比較してもその金額と構成比において加工品と外食のウエイトが著しく高くなっている。

　また，国民全体が飲食に支払った総額の産業別帰属割合をみると，農水産業が1990年の20.0％から2011年には13.7％に低下しているが，食品流通業は2011年で34.5％を占めるに至っている[2]。食品流通業のフードシステムにおける重要性が改めて理解できる。

第Ⅰ部　基礎編

4　食品の需要，供給，均衡価格

以下では，食品の価格形成および変動の理論と現実の**価格発見**プロセスについて述べる。

需要曲線

　需要曲線とは，所得や嗜好が変化しないという条件のもとで，異なった価格で購入される財の量を示したものである。需要の法則とは購入される量と価格の反比例の関係をいい，価格が低ければ購入量は増加し，逆に価格が高ければ高いほど購入量は減少する。一般に消費者が所有する財の量が増加すると，その追加的な効用が減少する。3 皿目のステーキよりも 4 皿目のステーキに対する欲求や満足度が減少するのはその典型例である。これは限界効用逓減の法則と言われるが，このように，購入する量が増えていくと，その財に対する効用が減り，支払い意志は低下していくのである。

　牛肉の価格と需要量の関係を示したものが牛肉の需要曲線である（図2-2）。ここで注意すべきは「需要」と「需要量」との違いである。「需要量」とはあくまで需要曲線上での任意の価格で需要される量のことであり，「需要」とはその需要曲線あるいは需要表における一連の関係をいう。第 2 に，需要とは，単なる必要（need）とは異なり，マーケティングにとって重要な有効需要（effective demand）を意味している。これは消費者の実際の購買力に裏づけられた需要であり，低所得者は購買力の低さのために，購入量は限られる。

　ここで派生需要の考え方について述べておく。同図の太い需要曲線は小売レベルでの牛肉サーロインの需要曲線を示しているが，その川上には，卸売レベルでの枝肉需要があり，さらに，子牛市場での子牛の需要がある。この子牛の需要は，子牛から生産された最終段階のサーロインの需要に起因する派生需要と呼ばれる。同図にこれら 3 つの需要曲線を示している。これらの

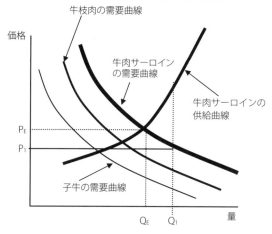

図2-2 牛肉の需要・供給と派生需要

曲線が子牛レベルから右上方にシフトしているのは，それぞれの市場段階において，すでに述べた流通機能から生じる場所，時間，形態，所有の4つの効用が加わっているからである。

市場全体の需要曲線を得るには，消費者一人ひとりの需要曲線を足し合わせればよい。

供給曲線

供給曲線とは，生産技術などが一定の条件の下で，異なった価格で販売される財の量を示したものである。供給の法則とは，量と価格との比較的な関係を示し，価格が低ければ供給量は減少し，逆に価格が高ければ高いほど供給量は増加する。同図の供給曲線は牛肉の供給量と価格との関係を示したものである。需要と需要量の違いでも述べたが，注意すべきことは，経営学における供給という言葉は，常に価格と量の一連の関係を示すものであり，その特定の点を示すものではないということである。

供給曲線を理解する際に，時間を考慮することは極めて重要である。短期的には，市場で供給される量は，収穫量に規定されて固定している。このような場合，供給曲線はほぼ垂直に近い状態になる。収穫期の生鮮野菜や果実

の供給曲線は，この典型例である。

　長期的なスパンを考慮すると，生産者は投資をして生産能力を拡大する時間が十分あるため，供給曲線は右上がりの形状をとる。茶の需要拡大を背景に価格が上昇したので茶の新植をしたり，子牛価格が高騰しているので繁殖雌牛を増頭して，数年かかって供給が右上がりになるケースが典型的である。

　中期的なスパンは，現存する固定資本施設での生産を考慮している。この期間ではマーケティングにおける意思決定が最も重要となる。この期間では生産者や流通業者は市場に出荷する量を，出荷調整やストック，流通経路によって調整する。

均衡価格

　前掲図2-2における需要曲線と供給曲線の交差する点が均衡点であり，その時の価格と量が均衡価格P_E，均衡取引量Q_Eである。均衡価格はより高い価格形成を望む売り手とより安い価格形成を望む買い手の間の歩み寄りの結果である。

　もし，何らかの要因で供給が均衡量Q_Eより多い水準Q_1になると，需要曲線のもとで価格はP_1に下がり，売り手は供給曲線に沿って生産を減らそうとする。その結果，価格は上昇する。

　実際の取引の場では，均衡価格はすぐに発見されたり，容易に維持されるものではない。むしろ，実際の取引価格は均衡価格の周りにあり，変動している。しかし，例えめったに均衡価格が実現されなくても，均衡価格に向かって動いているということを理解しておくことは重要なことである。

5　需要曲線，供給曲線の変化と価格弾力性

　以上の価格変化を巡る反応は，需要曲線と供給曲線に沿った量の変化であった。しかし，需要曲線，供給曲線自体が変化することがある。つまり，「一定の条件のもとで」という条件が変化することによって，需要，供給が変化

第2章　食品流通のしくみと価格形成

図2-3　米の需要・供給と長期的シフト

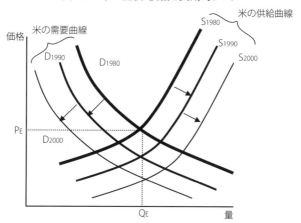

するのである。

図2-3は米をモデルに1980年代から2000年ころまでの長期的な需要曲線と供給曲線のシフトを描いたものである。品種改良，土地改良，農薬や化学肥料の投入などの技術進歩により生産力があがり，供給曲線は次第に右側にシフトしていった。一方，周知のように，米の需要は一人当たり米の消費量が減少したことにより，全体の需要も減少し，左側にシフトしている。もちろん，生産調整が行われているために，現実には供給曲線はこのようなシフトはある程度制約されている。しかし，長期的トレンドは，この図のように考えて間違いないであろう。

図の均衡価格は下落しており，長期的な米の価格形成の推移を示している。

一般的に需要曲線をシフトさせる要因は次のようなものである。

1）人口増加や輸出市場を含む市場の拡大に伴う買い手の数の変化
2）所得の変化や購買力の変化
3）特定の商品に対する嗜好の変化
4）当該財の代替財の価格の変化
5）将来の価格水準についての買い手の期待や投機への態度の変化

27

一方，供給曲線をシフトさせる要因には，次のようなものがある。
1）短期的には，在庫のコスト，流動性への志向，商品の期待価格の変化
2）中長期的には，原料の価格の変化や農場レベル，製造レベルでの技術進歩

需要，供給の価格弾力性

需要と供給の法則は，需要曲線，供給曲線上での価格の変化に対する量の変化を示しているが，一定の価格の変化に対してどれだけ需要量が変化するか，という問に対しては，**需要の価格弾力性**という概念が有用である。

需要の価格弾力性は，下の式のように，価格の変化率に対する需要量の変化率で表される。

$$需要の価格弾力性 = 需要の変化率 / 価格の変化率 = \frac{\Delta Q / Q}{\Delta P / P}$$

通常，弾力性が1以上の値をとるとき，当該財は価格の変化率以上に需要量が変化することになり，弾力的な財に分類される。逆に，弾力性が1未満の値をとるとき，当該財の需要量は価格の変化率ほど変化しないことになり，非弾力的な財といわれる。

ある財の需要の価格弾力性はその財の代替財の数によって決まる。塩のように代替財のほとんどない必需品は，非弾力的な需要曲線を持っている。輸送，貯蔵，加工といったマーケティング活動は，消費者に代替財の数や有用性を高めることによって食品の需要の価格弾力性を変えることができる。広告は，消費者に新しい情報を与え，需要をより弾力的にするかもしれないし，逆にある特殊な商品には代替財がないことを買い手に悟らせることによって，需要曲線をより非弾力的にするかもしれない。

図の上では，弾力的であればあるほど需要曲線の傾きはゆるやかであり，逆に非弾力的になれば，傾きは急になる。一般的には，食料品の需要の価格弾力性は，川下のスーパーでの商品の方が農場段階の農産物より多くの代替品があるために弾力的な値をとる。図2-4に示すように，子牛の需要曲線，

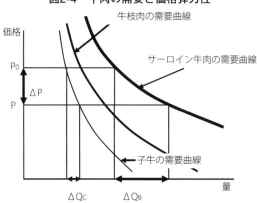

図2-4　牛肉の需要と価格弾力性

牛枝肉の需要曲線，小売レベルのサーロイン牛肉の需要曲線は，次第により弾力的になっている。

　需要の価格弾力性の考察において最も重要なことは，消費者の支出と生産者の売り上げに関することである。価格が10％下がった場合，弾力性が１の財では需要量は10％増加し，総収入は価格下落がある前と変化はない。しかし，弾力的な財の場合，需要量は10％以上増加し，総収入は以前よりも増加し，非弾力的な財の場合，需要量は10％未満しか増加せず，総収入は以前よりも減少する。

　図2-4には，その関係を示している。子牛の需要曲線は非弾力的であるため，価格が△Pだけ下落して需要量が△Qc増えても総収入は減少する。しかし，サーロイン牛肉の場合，弾力的であるため，価格が△P下落すると，需要量は△QB増加し，総収入は増加する。一般的に産地レベルの農産物の弾力性は，末端小売レベルの弾力性よりも小さく，ほとんどの農産物は非弾力的である。

　需要の交差弾力性とは，一方の商品の価格変化が，他の商品の需要に与える効果であり，下式のようにi財の価格の変化率に対するj財の需要量の変化率で示される。牛肉と豚肉の関係のように，牛肉の価格が上がると，豚肉の需要量が増加するというような二つの財は，互いに代替財といわれる。また，

ハムと卵の関係のように，ハムの価格が上がると，卵の需要量も減る二つの財は，互いに補完財といわれる。

$$需要の交差弾力性 = \frac{\Delta Q_j / Q_j}{\Delta P_i / P_i}$$

ただし，P_iはi財の価格，Q_jはj財の需要量

供給の価格弾力性についても同じ枠組みで考えることができる。価格変化に敏感な財は，弾力的な供給曲線となり，相対的に価格に反応し得ない財は非弾力的（すなわち傾きが急）な供給曲線をとる。4の供給曲線の項でみたように，供給の価格弾力性にとって「時間」は極めて重要な要因である。短期では市場での農産物の弾力性は貯蔵可能性の程度で異なる。腐敗しやすい財は，すぐに売り切る必要があるので供給曲線は，0に近い完全に非弾力的な垂直な供給曲線となる。貯蔵がある程度可能になると，やや弾力的となる。したがって，流通の貯蔵機能は農産物の短期的な供給曲線の形状に重要な影響を与える。中長期的には，それぞれの農産物の弾力性の程度は，生産を増減させる容易さとコストに規定される。もちろん，より長期の期間を考慮すると，現在の生産施設の調整が可能であり，より弾力的な供給曲線をとることができる。

6 食品の価格不安定性

食品の価格がその他の財の価格よりも不安定なのは，非弾力的な需要・供給曲線と自然条件に左右される供給曲線の大幅な変動があるためである。旱魃や長雨などによる収穫の予期しない減少は，供給曲線を左にシフトさせるが，総収入は増加することがある。逆に，暖冬など気象条件に恵まれたことによる予期しない生産の増大は，供給曲線を右にシフトさせ，需要が非弾力的であるために総収入は減少することがある。後者は豊作貧乏の典型的な例

である。

　先に弾力性の項で述べたように，非弾力的な需要曲線の下では，農家は生産を制限する，すなわち供給を左にシフトさせることで高い価格を維持し，総収入を増大させようとする誘因が働く。しかしながら，個々の生産者は，高い価格に反応して供給を増やそうとし，結局総供給曲線は右側にシフトし，価格は暴落し，供給調整を維持することは困難となる。このような個々の生産者の行動は，供給調整プログラムにおけるフリーライダー（ただ乗り）問題といわれるものである。したがって，供給調整には，政府による制度的強制が必要となる。

技術進歩による価格下落と先駆者利潤

　技術進歩による供給曲線の右側へのシフトは，生産者のコストを引き下げることになるが，非弾力的な需要曲線にそって価格は下落し，生産者の総収入は減少する。このように，長期的にコスト削減的な技術進歩の便益は，食品価格の下落という形で消費者に移転される。長期的にはこのような事態になるにしても，先駆的に新しい技術を採用する企業者と呼ばれる生産者は，後発に参入する生産者に比べると，供給がシフトして価格が下落する前に利益を得ることができる。

くもの巣モデル

　農産物に特殊な問題として，その生産期間が長いことから生じる問題がある。耕種作物の場合，半年から１年間の穀物，野菜などから果樹類のように多年性のものまである。畜産部門の牛肉生産の場合，生産の意思決定をして種付けから牛肉としての出荷まで３年もかかる。このような投入と産出の間の長いタイム・ラグは，将来価格の予想による生産量の決定という困難な経営問題を引き起こす。

　農業では数ヶ月あるいは数年先の価格を予想して，野菜の作付面積や肥育牛の頭数を決定しなければならない。もちろん，投入時に生産物の価格がす

でに決定している場合や生産時に価格の決定権がある場合，この予想（expectation）という問題は生じない。しかし，多くの農産物の場合，需給関係で価格が変動しており，将来価格が未知のままで投入の意思決定をしなければならないところに制約がある。実際の販売価格は予想を上回ることもあれば，下回ることもある。こうした予想と現実が異なると，思わぬ利益を得たり，逆に損失を被ったりすることがある。農業の場合には，価格決定のあり方と生産期間が長いという特質のために，すべての経営者が予想に基づいて不確実性によるリスクを負担しなければならないのである。

予想と現実のギャップは，農産物の市場に独特の変動をもたらす。とりわけ，牛肉や豚肉の場合には，それがある種の周期変動になっていることが古くから知られており，ビーフ・サイクルやピッグ・サイクルの名で知られている。こうしたサイクルの起こるメカニズムを説明するモデルが，**くもの巣モデル**といわれるものである。

くもの巣モデルを図に示したものが**図2-5**である。くもの巣モデルでは，経営者は生産物出荷時の価格が生産（作付け）開始時の価格と同じであると予想して生産（作付け）を決定すると仮定される。

図2-5では点A_0からサイクルがスタートする。価格はP_0であるから，生産者は将来価格もP_0であると考えてP_0水準と供給曲線が交わる点B_0で生産を決定し，来期の生産量はQ_1となる。しかし，Q_1の供給を売り切るための価格は，需要曲線上の点A_1に対応するP_1となる。

価格がP_1になると，生産者は来期もその価格が続くと予想し，供給曲線上の価格P_1に対応するQ_2の生産を決定する。しかし，生産物の出荷時が来てQ_2が市場に上場されたときには，価格は需要曲線上の点A_2に対応するP_2になっている。

図2-5では本来の需給均衡点は点Eであり，均衡価格はP_E，均衡需給量はQ_Eである。しかし，始めに点Eではなく，点A_0からスタートすると，価格も数量も均衡点から離れてゆき，$A_0 \to A_1 \to A_2 \to A_3$とくもの巣のような軌跡をたどって変動を続けて発散することになる。

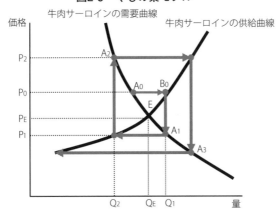

図2-5 くもの巣モデル

くもの巣モデルでは，需要曲線と供給曲線の傾き，すなわち弾力性の値如何によって均衡点に収束する場合もある。供給曲線の傾きが需要曲線の傾きよりも急な場合（すなわち，供給の価格弾力性がより小さい場合），サイクルは収束する。この図のように，供給曲線の傾きが需要曲線のそれよりも緩やかな場合（すなわち，需要の弾力性がより小さい場合）は発散する。

7 価格発見

　需要と供給の力が，一つの商品の一般的な市場の均衡価格を決めるプロセスである価格決定（price determination）と，所与の市場で所与の生産物のロットに対して，売り手と買い手の間で特別な価格に到達するプロセスである価格発見（price discovery）を区別することは有用である。

　価格発見は，人間の行為であり，売り手と買い手の相対的なバーゲニング・パワーに規定される。さらに，両者の判断ミスと事実認識の誤りをも含む場合がある。売り手と買い手が常にすぐに均衡価格を発見できる保証はどこにもない。実際には，この価格発見のプロセスの中で，売り手と買い手がときには代替品を求めて取引を続けたり，ときには一定の価格や他の条件で取引

することが有利になったりもするのである。

　この価格決定と価格発見の二つのプロセスを区別することは，農水産物の2段階の価格発見のプロセスを教えてくれる。最初の段階は需要と供給の力を評価し，均衡価格を推定することである。第2の段階は，この推定された価格を，規格，品質，割引，売り手と買い手のサービス，バーゲニング・パワー等を考慮に入れた上で，ある特定の取引に採用することである。価格形成のミスは，上記の二つのプロセスで起こるが，これらのミスはより良い市場情報によって小さくなり，価格発見はより均衡価格に近づく。

　現在，価格形成は，売り手と買い手の個々の相対取引（生産者と消費者との相対取引，出荷団体と卸売業者や実需企業との相対取引），集権的な公開市場（卸売市場など），公定価格（この価格は，価格形成を一定価格帯や適正な範囲に収め，その範囲を超えた場合，価格支援をするという意味合いで用いられる。子牛の保証基準価格，牛肉・豚肉の安定基準価格，安定上位価格などが該当する）によって行われている。

注
（1）総務省「平成26年全国消費実態調査」による。
（2）農林水産省「2011年度農林漁業および関連産業を中心とした産業連関表」
　　2016年3月。

参考文献
［1］高橋伊一郎『農産物市場論』（明文書房，1985年）。
［2］R. L. KOHLS & J. N. UHL Marketing of Agricultural Products 9th Editon，2002年。
［3］坂井豊貴『ミクロ経済学入門の入門』（岩波新書，2017年）。
［4］荏開津典生・鈴木宣弘『農業経済学［第4版］』（岩波書店，2015年）。

用語解説 ··

需要曲線
　　個人の所有や嗜好が変化しないという条件のもとで，任意の価格水準と購入される財の量を図で示したもの。

第2章　食品流通のしくみと価格形成

供給曲線
　生産技術などが一定の条件の下で，任意の価格水準で販売される財の量を図で示したもの。
需要の価格弾力性
　同一需要曲線上における価格の変化率に対する需要量の変化率で表される。一般に農水産物の需要の価格弾力性は小さい。
くもの巣モデル
　生物生産の特性と予想と現実のギャップからもたらされる農畜産物に独特の周期的価格変動を需要曲線と供給曲線を利用して説明するモデル。
価格発見
　任意の財を対象として行われる売り手と買い手の取引プロセスに関わる行為であり，両者の相対的な力関係や情報の偏在により，必ずしも均衡価格に到達しない。
バーゲニング・パワー
　売り手や買い手がもつ交渉力のことである。近年は大規模化した買い手側が市場におけるシェアを高めより強力な交渉力を発揮するようになっている。例えば，売り手から商品を不当な安値で仕入れることが可能になっている。

事後学習（さらに学んでみよう，調べてみよう）‥‥‥‥‥‥‥‥‥‥‥‥‥‥‥

　本章を読んだ後に，参考文献［1］［2］などを読んで，より深く食品流通や価格理論を学ぼう。

［福田　晋］

第3章　農産物・食品の流通機構

事前学習（あらかじめ学んでおこう，調べておこう）

（1）社会的分業について
　　流通や商業が広く一般化する前提が社会的分業の成立である。経済学の古典的名著である参考文献［1］では，人間にとっての交換，そして社会的分業とは何かが述べられている。第1編の第1章から第3章を読んでおこう。
（2）小売業の業態について
　　近代的小売業態の展開を簡潔に整理した上で，現代の電子商取引の特徴について考察しているのが参考文献［9］である。英語の原論文と日本語訳があるが，できれば英語の論文を通読してみよう。

キーワード

　　社会的分業，流通機能，商業者，スーパー・チェーン，サプライチェーン

1 流通の基本的概念と流通機能

流通とは何か

　流通は，簡潔にいえば，生産と消費を取り結ぶ過程である。経済学的により詳しく述べると，商品の所有権が生産者から消費者に移転していく過程，これに付随する運送や保管などの物流あるいは情報交換などの多面的な過程を含む商品フロー全体のことである。

　社会的分業の進展にともない，流通は，生産者，商業者，消費者のあいだにおける無数の商品の交換すなわち取引の連鎖として拡張していく。商品交換が実現するためには，交換欲求の一致を前提に取引主体間で商品と貨幣との交換比率をめぐる合意が必須となる。農産物・食品流通研究では，従来から，価格問題がもっとも重要な分析課題の一つとされてきた。農業者の視点からは農産物の不利な価格条件をいかに改変するのかという問題意識からの研究が取り組まれ，消費者の視点からは消費生活において不可欠の必需財である食品の価格が適正であるかが問われてきた。

　流通に関わって，より実践的・戦略的な立場からの関心もある。例えば，生産者にとってマーケティングの基本要素である4P（Price, Product, Place, Promotion）の一つである販売チャネルの選択問題がそれである。自己の製品を販売するにあたって，商人を活用すべきか，あるいは消費者への直接販売をすべきなのか。こうしたミクロのチャネル選択の意思決定にあたっても，マクロの流通機構を客観的に理解することが欠かせない。

生産と消費との懸隔と流通機能

　商品の生産と消費が流通によって架橋されねばならないのは，両者のあいだに何らかの隔たりがあるからである。その懸隔とは，第1に商品が生産される場所と消費される場所の不一致という空間的懸隔，第2に商品が完成される時点と最終消費に仕向けられる時点とが異なる時間的懸隔，第3に商品

図3-1　クラークによる流通機能の分類

A　交換機能・・・・・・1　販売　　　2　購買
B　実物供給機能・・・・3　輸送　　　4　保管
C　補助的機能・・・・・5　金融　　　6　危険負担
　　　　　　　　　　　7　市場情報　8　標準化

出所：加藤編『現代流通論入門』3ページより。

を生産する生産者と最終的にそれを消費する消費者とが別の主体であるという人格的懸隔である。

　これら3つの懸隔はその性格が異なるために同列に扱うことはできない。空間的懸隔と時間的懸隔はいつの時代でも存在する超歴史的なものであるのに対し，人格的懸隔は商品経済社会に移行してはじめて生じる歴史的な懸隔である。生産者と消費者が同一人格であった自給経済社会においても，生産と消費の時間的・空間的分離は存在していた。社会的分業の進展により商品経済社会が高度に発展するのにともなって，ありとあらゆるモノとサービスが商品として交換され，いまや生産者と消費者が一致することはむしろ例外的でしかない。高度商品経済社会においては，この人格的懸隔をいかに合理的に架橋するかが第一義的に重要な課題であることは明らかである。

　流通機能とは，上述のような懸隔に呼応し生産と消費とを橋渡しする具体的な働きのことである。代表的な流通機能の分類は**図3-1**のとおりである。人格的な懸隔に対応する機能が交換や取引，売買という商的流通機能である。一方，物的流通機能としては，空間的懸隔と時間的懸隔に対応する機能がそれぞれ運送と保管であり，さらに農産物で重要となる流通加工があげられる。このほかに補助的機能として，金融，危険負担，市場情報，標準化などの機能がある。現実の流通主体は，これらの機能を完全に，あるいは限定的に遂行している。

2　商業組織の発展と流通機構

商業の概念

　流通過程において商品交換を専門的に担当するのが商業者である。商業者をどう理解するかについては，交換説，機能説，取引企業説，配給説，再販売購入説などの諸説があるが，これらのうち商業の本質をもっともよく説明するのが再販売購入説である。消費者や生産者による通常の購買がみずからの消費・使用（生産的消費）を目的とするのに対し，商業者の購買は自己にとっては使用価値ではない商品を購入し，次に第三者に向けて販売することをあらかじめ前提する行為にほかならないからである。商業の本質は，売るために買うという独自の操作性にあり，これを端的に示すのが商業資本の運動範式G（貨幣）－W（商品）－G'（貨幣）なのである。

なぜ商業者が介在するのか

　商品流通の形態には，商業者が介在しない直接流通と商業者が介在する間接流通がある。今日，一般的なのは商業者が介在する間接流通である。

　なぜ商業者が生産者に代わって最終消費者への商品販売を代位担当するのか，この理由を考えてみよう。第1に，生産者の立場からみると，商業者への販売がなされた時点で投資の回収が完了し，それを再生産に仕向けることで生産の中断が回避されるという利点が生じる。さらに生産者の個別的な利益を超えて社会的にみても商品流通の円滑化が期待される。商業者の介在は売買集中の効果として，①規模の経済性による流通費用の節約，②情報の縮約による流通時間の短縮，の利益をもたらすことになる。

　果たして，こうした利益は，商業者でなければ実現できない利益なのであろうか。生産者であっても，大規模化すると生産面のみならず販売面においても売買集中の利益を実現する余地が生じるであろう。それでは商業固有の機能とはいったい何であろうか。第1に同一部門の多数の生産者の販売を代

位担当しうることである。例えば，ある地域の多数の野菜生産者の販売を集中的に担当したり，あるいは供給時期の異なる野菜産地の販売を集約し周年的な供給を実現できる。第2に，異なった生産部門の生産者の販売を代位担当しうる。野菜のみならず，果実や米など多種多様な生産者の販売を一元的に担当しうる。みずからの生産物しか販売できない生産者に対し，商品の使用価値から自由な商業者は，多数かつ複数部門の生産者の販売を代位担当することでユーザー・消費者の求める品揃え物（Assortment）を効果的に形成することができる。

商業の分化と流通機構

〈商業の段階分化〉

　商業の分化には段階分化，部門分化，機能分化がある。まず段階分化からみてみよう。商業の段階分化は，生産者から消費者にいたる商業の垂直的な分化であり，具体的には卸売商業と小売商業への分化である。

　流通を多段階にする卸売商と小売商への分化，すなわち卸売商が介在することの合理性はどのように説明できるのであろうか。卸介在の根拠を示す原理としてよく知られるのがマーガレット・ホールの「不安定平均化の原理」と「取引総数最小化の原理」である。後者の原理は図3-2に示すように，生産者と小売商との直接取引よりもその間に卸売商が介在することで，取引経路数が少なくなり，流通費用を節減できるというものである。

〈商業資本の部門分化〉

　商業資本の部門分化には様々な分化があるが，代表的な部門分化が商品種類別の専門化である。万屋から食品専門店と非食品店への分化，あるいは食品専門店から青果物商と海産物商などへの分化がその例である。

　部門分化の根拠は，取扱商品別の技術的操作の違いを基礎とする専門化の利益にある。そのため，部門分化には次のような限界が存在する。かりに部門分化が過度に進行するならば，商業の品揃えの社会性が低下し，最終的には商業が存在する根拠そのものを否定することになる。歴史的にみても，ホ

第3章　農産物・食品の流通機構

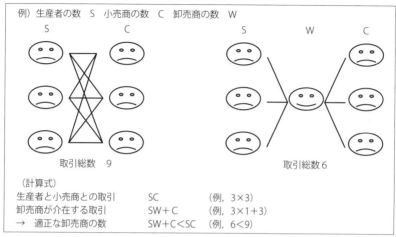

図3-2　取引総数最小化の原理

出所：筆者作成。

ランダーのアコーディオン仮説が主張するように，総合化と専門化が交互に優勢となった事実が観察される。

〈商業の機能分化〉

　商業の機能分化には，第1に売買操作機能の分離，第2に付随的機能の分離，第3に副次的機能の分離，がある。ここでは農産物・食品流通で広くみられる第1の形態を中心に説明しよう。

　第1の売買操作機能が一括して分離する場合の代表的形態が手数料商人である。手数料商人とは，他人の委託を受けて，その依頼者にかわって商品の売買をしたり，他人間の売買を斡旋する活動を行い，その対価として手数料を取得する商業の総称である。重要なのは，商品の所有権を取得しないため，必要な資本は売買操作資本のみであり商品買取資本が不要になる点にある。売り手と買い手の間に介在し，両者の売買を仲介する仲立業，あるいは継続的な信任関係に基づいて，ある特定者のために常時売買を代行し，販売の斡旋を行う代理業も，その形態の一つである。手数料商人の典型的な事例としては農産物流通において重要な役割を果たす農協，卸売市場の卸売業者が挙げられる。

41

第Ⅰ部　基礎編

〈商業資本の分化と流通機構〉

　こうして商業組織は段階別，部門別，機能別に分化しながら発展を遂げてきた。多様かつ複雑に分化する商業組織の合理的編成は，商品回転率と商業マージンの適切な組合せを通して商業利潤の極大化を目指す個別の商業者の自由な競争を通して事後的に決定されてきた。

　しかし，こうした状態は経済の自由競争段階で観察されるものであった。経済が寡占化・独占化すると，事態は異なった様相を呈することになる。独占段階における商業の変質は，一つに商業排除傾向であり，いま一つに独占的商業者の成立である。元来，農産物・食品の流通は小規模な経済主体による競争的な構造を特徴としていた。しかし近年，産地段階での生産者の大型化や農協による販売の組織化，あるいは小売段階におけるスーパー・チェーンや外食チェーンの躍進により，農産物・食品流通の構造も徐々に寡占的なものに変容しつつある。

　次節では，農産物・食品取扱商業者のなかから，農産物に特徴的な流通システムである卸売市場，そして食品流通において主導的な地位を獲得しつつある大手小売業者に焦点を当てて，その変容を確認してみよう。

3　農産物卸売市場流通の成立と展開方向

　農産物の生産は，規模が零細で地域的に分散し，その供給は季節的であり商品標準化の程度も十分とはいえない。一方，食品の消費は地域的に広範に分散し，必需財として日々，小ロットで多頻度購買されることが一般的である。こうした特徴をもつ農産物・食品の生産と消費を合理的に接合するために，卸売市場は広く世界的に形成されてきた事実が確認できる。

　日本の中央卸売市場は，1923年に成立した中央卸売市場法，そして1971年以降は卸売市場法に基づいて公的に整備され管理されてきた。卸売市場を中心とする農産物流通の一般的な仕組みは，青果物を例にいうと，生産者が農協に販売を委託し，これを卸売業者が無条件で受託し，仲卸業者や売買参

加者に対してセリ方式などで販売することになる。卸売市場は多品目の農産物を短時間で効率的に売買し，公正な価格形成を実現し，出荷者には確実かつ迅速に代金回収ができる利便性を提供した。さらに大都市の大規模な中央卸売市場は，そこでの価格形成が全国の取引における指標価格として用いられ建値市場としての役割も果たしてきた。

とはいえ，卸売市場はいまや大きな岐路に立たされている。第1に，卸売市場流通シェアが徐々に低下し，市場外流通が拡大している。第2に，セリ方式や手数料制度など卸売市場における従来の取引規制の形骸化が急速に進んでいる。第3に，直近の動きとして，2018年に改正卸売市場法が成立し，卸売市場制度の必要性と公共性が大きく問われるにいたっている。

4 スーパー・チェーンの発展と小売大規模化の功罪

食品スーパーの成長と小売マーケティングの展開

農産物・食品の流通と一口にいっても，品目別に流通のあり方は大きく異なる。品目別の流通の多様性は，基本的には商品の使用価値的特性や生産過程の独自性に規定されるものである。しかし他方で，流通の川下段階に目を向けると，1950年代以降，八百屋などの専門小売店が衰退する一方，大型店舗であらゆる食品，さらには非食品までも含めて幅広く品揃えする総合小売店が大きく躍進していった。農産物・食品を含むあらゆる品目がチェーン方式という共通の仕組みに包摂される傾向が生じていったのである。

同時期に，日本に導入されていった食品スーパーの業態特性は，セルフ・サービス手法の導入とこれによるローコスト経営の実現にある。また，商品ごとにマージン率を変えるマージン・ミックスに基づく戦略的な価格設定，ロス・リーダー（目玉商品）による低価格訴求，広告宣伝などのマーケティング手法が小売業において本格的に導入された。この結果，スーパーは低価格訴求を基礎に高い商品回転率を実現し，対面販売方式を基本とする在来型の零細専門小売店に対し圧倒的な競争優位性を発揮することとなった。

チェーン化と本部集中仕入によるバイイング・パワーの発揮

　小売業者，より正確には店舗小売業者が大規模化を進めるときに直面する決定的な制約条件は商圏である。この立地産業的限界を抱える店舗小売業にとって，チェーン化は店舗と消費者との近接性を維持しながら総売場面積を無限に拡大することを可能にする（図3-3）。もっとも，分散的な店舗が個別的に運営されたのでは規模の経済性を発揮できない。空間的に分散する多数の店舗を本部が統一的に管理運営するチェーン・オペレーションが不可欠になる。とりわけチェーン小売業者の競争力を決定的にするのは本部による商品の一括調達にある。この購買の集中を基礎にスーパー・チェーンは生産者に対し強大なバイイング・パワーを発揮し，いわゆる消費者利益の立場に立った「価格破壊」が目指されることになった。

　とはいえ，日本ではスーパー・チェーンは調達を本部機能に集約しながらも卸売業者を排除する方向には向かわなかった。それは，日本のスーパーの多くが売上高至上主義のもと出店投資を最優先し，商品調達・供給のためのバイヤー組織や物流センターの整備に十分注力しなかったからである。

　高度成長期以降，発展をみせるスーパー・チェーンが発揮するバイイング・

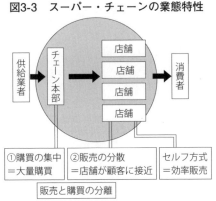

図3-3　スーパー・チェーンの業態特性

出所：筆者作成。

パワーに対する社会的期待は本来，大手加工食品メーカーの独占価格を打破し，大量生産と大量消費とを架橋することで，日本の豊かな食生活の実現に寄与することにあった。しかしながら，そのパワーは実際には巨大メーカーよりもむしろ中小メーカーや零細生産者に対して向けられ，優越的地位の濫用として問題視されることとなったのである。

5 小売業におけるIT活用と流通機能の高度化

需要低迷下における巨大小売業者の戦略転換

　1970年代には日本の大衆消費社会は一つの転機を迎えた。モノに対する消費の低迷と多様化である。その後の小売業態別の動向をみると，それまで急成長を遂げてきた総合スーパーは伸び悩みに転じる一方，食品販売が主体の中規模店舗をドミナント出店する食品スーパーが地域小売市場においてそのシェアを伸ばしていった。さらに，大店法下での出店規制の強化を受けて大手小売業者は直営方式ではなく**フランチャイズ方式**により，既存の中小零細店をコンビニエンスストアとして組織化していった。現在，コンビニエンスストア業界第1位のセブン－イレブン・ジャパンは2万店強（2017年度）の店舗網を構築し，日本の食品小売市場において最大のシェアを獲得するにいたっている（**表3-1**）。

表3-1　食品小売販売額上位10社・組織体（2015年度）

順位	企業名	食品売上高（百万円）	食品売上比率（％）
1	セブン－イレブン・ジャパン	2,973,709	69.3
2	ローソン	1,773,767	90.5
3	ファミリーマート	1,494,054	59.0
4	イオンリテール	1,074,100	57.7
5	イトーヨーカ堂	601,672	47.9
6	サークルKサンクス	523,621	55.9
7	ライフコーポレーション	518,178	84.6
8	ユニー	501,236	69.9
9	アークス	453,561	90.4
10	エイチ・ツーオー・リテイリング	413,756	51.6

資料：日本経済新聞社『日経MJ』2016年6月29日号。

第Ⅰ部　基礎編

小売業における情報システム化と小売主導型流通の形成

　商品へのバーコード添付と店舗におけるPOS（Point of Sales）レジスターの普及，小売と供給先を結ぶEOS（電子発注システム）の利用というかたちで流通情報化が進展していったのは1970年代以降のことである。

　小売業者は，POS情報の活用を通して，販売面では消費者の購買に適合的な品揃え形成を追求するようになった。調達面では，第1に，販売動向に即したきめ細かい発注をEOSを通じて行い，在庫の適正化と欠品の回避が目指された。これに伴い，供給業者は短リードタイムでの定時・多頻度・少量納品などの高度な物流サービスを要求されることとなった。第2に，販売データ分析を通して消費者の「値ごろ感」に即した小売価格設定を志向し，供給業者に対して小売売価を起点とする仕入価格要求を強めていった。要するに，チェーン小売業者が販売・仕入の大量性に加えて実需にかんする大量の情報をリアル・タイムで入手したことで，流通チャネルにおいてより強力なパワーを獲得することとなったのである。

　こうしたPOS情報を起点とする小売主導型流通システムには，従来型の生産者起点でプロダクト・アウト基調の投機的流通システムに対し，実需に対応するマーケット・イン基調の**延期的流通システム**として消費者主権を実現する仕組であるとの積極的な評価が与えられた。しかし，POS情報を活用するとはいえ，小売業者の品揃えは最終的には小売の利益確保を基準に決定されざるをえない。そもそも過去の情報であるPOS情報が消費者ニーズを反映するとはかぎらない限界も抱えている。さらに，単リードタイムなどの供給要求が川上の供給側に過重な負担となり，必ずしも全体最適の観点からのサプライチェーンの構築に向かっているとはいえない。小売主導の流通，さらにはSCM（Supply Chain Management）の進展をめぐる評価は研究上の重要な論点となっている。

6 農産物・食品流通の現段階的特質と展開方向

小売業者による生産過程への関与

　今日，農産物・食品市場が飽和化し多様化するなかで，食品小売業者は様々な対応を模索している。注目される戦略の一つがプライベート・ブランド（PB：Private Brand）商品の拡充である。

　最近のPB戦略の特徴として，PB比率の引き上げとともに，従来型の低価格訴求に加え，高品質や新しいコンセプトに基づく商品の開発が目指されてきている。PB商品の新しいコンセプトとは，高品質，簡便性，安全・安心，環境対応，労働者福祉，アニマルウエルフェア，などであり，倫理品質を含む消費者が求める多様な現代的価値に対応するものである。

　PB戦略の展開は，現代の小売業者が生産・供給側から与えられるリストのなかから商品を選択するだけでなく，新商品開発や生産方法への関与を通してサプライチェーン全体への影響力を強めつつあることを意味する。もちろん，現実には小売業者の生産過程への関与のあり方は介入的，部分的あるいは片務的であり，その結果，供給業者に対する単なるパワー行使に終わることも少なくない。しかし，小売業者と取引関係にある生産者・製造業者や卸売業者，さらには物流業者が一定の目標を共有し，組織間の協働関係の構築を目指すならば，新しい食品の生産・流通の分業編成ないしサプライチェーンの形成が展望されることになる。

注視すべきインターネットの流通への影響

　現在，インターネットの急速な普及により，無店舗型の電子商取引が様々な品目で広がりをみせる。食品のEC化率は約2％（2017年）にすぎず，いまだその割合は小さいものの，着実に売上金額は増えつつある。今後，時間価値にこだわる消費者にとって，ネットで注文し，当日あるいは数日中に配送される利便性の魅力は益々，高まるであろう。

第Ⅰ部　　基礎編

　ネット小売のビジネスモデルにとってネックとなるのは，商品単価に対する物流費負担の大きさ，不在時や返品対応などの物流問題である。これに加えて農産物・食品では，商品の標準化，鮮度・品質と温度管理，安全性リスクの回避，などの対応が不可欠となる。

　今後，インターネット環境の普及率の高まりに加え，高速化や低廉化の進展により，消費者や流通業者，そして生産者のいずれにとってもネット利活用の余地は飛躍的に拡大するであろう。生産者側からの消費者への直接販売への進出，ネット専業小売業者による生産者や消費者の囲い込み，既存の店舗型小売業者によるオムニチャネル戦略の展開に伴い，農産物・食品の流通システムはよりダイナミックな転換を遂げることが予想される。

参考文献
［1］アダム・スミス／水田洋監訳『国富論1』（岩波文庫，2005年）。
［2］森下二次也『現代商業経済論（改訂版）』（有斐閣，1977年）。
［3］木立真直・辰馬信男編『流通の理論・歴史・現状分析』（中央大学出版部，2006年）。
［4］美土路知之・玉真之介・泉谷眞実編著『食料・農業市場研究の到達点と展望』（筑波書房，2013年）。
［5］加藤司『日本的流通システムの動態』（千倉書房，2006年）。
［6］木立真直・齋藤雅通編著『製配販をめぐる対抗と協調』（白桃書房，2013年）。
［7］木立真直・佐久間英俊・吉村純一編『流通経済の動態と理論展開』（同文舘，2017年）。
［8］阿部真也・江上哲編著『インターネットは流通と社会をどう変えたか』（中央経済社，2016年）。
［9］C. M. Christensen and R. S. Tedlow, Patterns of disruption in retailing, Harvard Business Review 78 (1)：42-45, January 2000. （クリステンセン＆テッドロー／秦由紀子訳「eコマースでも繰り返される小売業の破壊の歴史」『ダイヤモンド・ハーバードビジネス』April-May，2000年）。

用語解説 ···

フランチャイズ方式（フランチャイズシステム）
　　本部となる事業者（フランチャイザー）が加盟店となる他の事業者（フラン

チャイジー）に対し，自己のブランドや経営のノウハウを用いて，消費者から見ると同一のチェーンとして商品の販売やサービスの提供を行う権利を与え，他方，加盟店はその見返りとして一定の対価を支払い，本部の指導や商品供給のもとで事業を行う両者の継続的関係をいう。直営店（レギュラーチェーン）と比較し，本部にとっては店舗展開に必要な資金を投下することなく多店舗が実現できるメリットがある（日本フランチャイズチェーン協会の定義を一部，修正）。

延期的流通システム
　延期と投機との対で用いられる概念である。投機的流通システムが需要の発生に先立って予測に基づいて意思決定を行うのに対し，延期的流通システムでは，できるだけ実際に需要が発生する時点や場所に近いところまで意思決定を先延ばしする行動を採る。延期的行動が在庫の最少化などのメリットがあるものの，これのみでは縮小均衡に陥りがちなことから，実際には予測に基づく投機とを組み合わせた行動が必要とされる。

事後学習（さらに学んでみよう，調べてみよう）……………………………

(1) 日本の小売業者が採用する戦略の特徴を理解するために，地域の食品スーパーやコンビニエンスストアの品揃えや価格政策などについて実際に調査を行い比較分析してみよう。とくに，顧客特性や地域の競合条件などとの関連で小売戦略の有効性を検討することが重要である。
(2) ネット小売業は店舗小売業とは大きく異なるビジネスモデルで成立している。小売販売面での工夫，消費者への配送方法，配送費の負担はどうなっているのか。学術誌のみならず，新聞や業界誌の情報を有効に活用しよう。

　　　　　　　　　　　　　　　　　　　　　　　　　　　　［木立真直］

第Ⅱ部

品目編

第4章　米

事前学習（あらかじめ学んでおこう，調べておこう）

（1）スーパーマーケットなどの米売場では，さまざまな産地品種銘柄の米が販売されている。どの米がどのくらいの価格かを調べてみよう。
（2）もともと水田であった所でも生産調整（減反）のため，水稲以外の作物（小麦・大豆・野菜）が作付されていることがある。読者の地域では，どのような転作作物が作付けされているかを調べてみよう。
（3）米の消費については，自宅で白米を炊いて食べるだけでなく，外食・中食で消費することも多い。自分の食生活を振り返り，どのような形態で米を消費しているか考えてみよう。

キーワード

米政策改革，食糧法，生産調整，自主流通米，食糧管理法

1 市場政策の概要

　米は，農家にとっても，消費者にとってもたいへん重要な農産物である。生産面においては日本農業の基幹的な作物であり，消費面においては国民の主食として食生活の中心に位置づいている。

　米の需給と価格を安定させることは，社会全体の安定にとって重要である。政府は，米を中心に農畜産物の市場政策を展開してきた。そのため，米の市場・流通・価格の動向を把握するためには，市場制度や市場政策の変化をふまえておく必要がある。そこで本章では，米市場に対する政府の政策展開のなかで，流通ルートや価格形成がどのように変化したかについて説明する。

　農畜産物市場政策は，価格政策・需給政策・流通政策に大きく分けることができる。中心となる価格政策の目的は，農畜産物の価格を安定させ，価格水準を一定の方向に誘導することである。

　価格政策を有効に機能させるために，需給政策，流通政策が行われる。需給政策には，農畜産物の買入れ・売渡し，在庫の保管，供給の制限（**生産調整**），配給などがある。流通政策には，流通業者に対する参入規制，仕入・販売ルートの規制などがある。これらの市場政策は相互に整合性をもつことが重要であり，価格政策の具体的な目標に適合した需給政策や流通政策が採用される必要がある。これらの政策間のバランスが崩れると，価格政策が十分に効果を発揮できず，価格・流通・需給が混乱してしまう。

　戦後の米市場は，1942年に成立した**食糧管理法**（以下，食管法）の下で統制的な性格が維持されていたが，1970年代以降，部分的に市場原理が導入された。そして，1995年11月に「主要食糧の需給及び価格の安定に関する法律」（以下，**食糧法**）の施行によって大幅な規制緩和が行われ，2004年4月の改正食糧法によって，流通規制が原則的に廃止された。

2 食管法下の米市場

統制的な性格の維持（1960年代まで）

　第二次世界大戦中の1942年に，米市場の国家管理の集大成として食糧管理法が施行された。当初の目的は，不足する食糧を国民に公平に配分することであり，統制的な性格が強かった。終戦直後の極端な食糧不足が解消された後も，1960年代まで統制的な性格が維持された。その特徴は，以下のようなものであった。

　第1に，生産者に政府への売渡し義務を課した上で，集荷業者，卸・小売業者に対して仕入・販売ルートを制限し，流通する米をすべて政府を経由させたことである。

　第2に，政府による直接的な買入れ・売渡しが行われたことである。消費者への配給に際しては，米の食味の違いは考慮されなかった。輸送費の節減のために自県内への販売を基本とし，過剰があれば他県へ搬出し，不足があれば他県から搬入した。また，輸入米についても，政府が一元的な買入れ・売渡しによって管理した。

　第3に，政府が米価を政策的に決定したことである。とくに1960年には二重価格制度が導入され，生産者に対しては所得の確保を目的とし，消費者に対しては家計の安定を目的とし，それぞれ別の政策目標で価格が決められた。この時期の政府買入価格は高めに設定され，卸売業者への売渡価格を上回る逆ざやとなっていた（図4-1）。

　こうした統制的な米市場において，1960年代後半には，需給基調が不足から過剰に転じるなどの問題が発生した。高米価政策によって生産意欲が刺激され，増産によって過剰が起り（図4-2），その結果，政府の財政負担が膨らんだ。また，需給が緩和するなかで，消費者の良食味米への要求に対応する必要性が高まった。

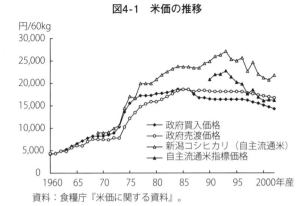

図4-1 米価の推移

資料:食糧庁『米価に関する資料』。

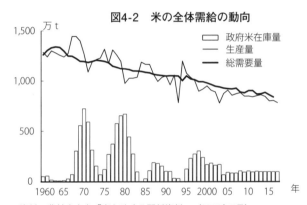

図4-2 米の全体需給の動向

資料:農林水産省「米をめぐる関係資料」(2018年7月)。
注:1) 政府米在庫量は2002年までは10月末現在,2003年以降は6月末現在である。
　　2) 総需要量は,国内消費仕向量である。
　　3) 生産量は,水稲と陸稲の収穫量の合計である。

生産調整の開始と流通自由化の進展(1970年代〜95年)

　統制的な米市場が抱えていた問題点に対して,政府は生産調整と流通自由化で対応した。

　過剰対策として1970年度から生産調整が本格的に開始された。生産調整目標面積は国→都道府県→市町村→生産者という行政ルートで配分され,生産調整を実施した生産者には奨励金が交付された。

流通・価格については部分的に市場原理を導入し，1970年代から95年まで，政府による市場管理の枠内で流通自由化が進展したが，その内容は以下の通りである．

第1に，1969年に，政府を通さずに流通させる**自主流通米**のルートが創設された．自主流通米の集荷数量は増加し，90年代はじめには米流通量の大部分を占めるようになった．その対象は当初は良食味銘柄に限られていたが，非銘柄米にまで拡大された．価格形成については，相対取引によって決定されたが，1990年に入札方式が導入された．

第2に，政府米の価格は，1984～86年産をピークに87年以降引き下げられ，それまでの逆ざやであった政府米価格の売買価格差は順ざやに転じ，価格支持政策の後退が明瞭となった（前掲図4-1）。

第3に，卸・小売業者に対する流通規制が緩和され，競争が激しくなった．小売業への新規参入の促進，卸・小売業者の仕入・販売に対する規制緩和などが行われた．

流通自由化の進展によって，経済連を中心とした販売活動が活発化し，卸売業者への訪問，自県産米の宣伝などのマーケティング活動が強化され，良食味品種の作付けが推進された．

流通自由化は，一方で米流通を活性化させたが，他方で大手業者が流通を主導する条件を整備するという面をもっていた．また，自由米（やみ米）が増加するなど，制度が想定する流通と実際の流通との隔たりが大きくなった．大手の卸・スーパー，そして商社にとっては，参入規制や流通業者間の固定的な結びつきの存在が，自由な販売活動の阻害要因となっていた．こうしたなかで流通規制のいっそうの緩和が大手業者などから要請されていた．

1993年産の大凶作による「平成の米騒動」と，93年12月のガット・ウルグアイ・ラウンド農業合意によるミニマム・アクセスの受け入れを直接的な契機として，95年11月に，半世紀以上にわたって維持されていた食管法が廃止され，食糧法が施行された．

3 旧食糧法下の米市場

食糧法の特徴

　食糧法の下で，政府による市場介入が大きく後退し，規制緩和が推し進められた。食糧法下での制度には，食管法から継承した部分と新たに導入された部分とがある。その特徴を整理すると，以下のとおりである。

　第1に，生産調整については，国が行政ルートを通じて，生産調整の目標面積を生産者へ配分する方式が継承された。ただし，系統農協にとっては，生産者の意向を考慮して生産調整の目標面積をとりまとめることになるなど責任が強まった。

　第2に，政府による直接的な管理は廃止されたが，新たに「計画流通制度」の下で，政府が「基本計画」を定め，全農など全国集荷団体（指定法人）が「自主流通計画」を作成して，政府米・自主流通米を計画的に流通させることにした。米流通における政府の役割は，買い入れた米の備蓄に限定され，過剰米については全農による調整保管が実施されることになった。

　第3に，流通規制が大幅に緩和され，流通ルートが多様となった。計画外流通米として，生産者による消費者への直接販売，単協による卸・小売業者への販売も可能となった（図4-3）。卸・小売業者に対しては，新規参入が促進され，固定的な結びつきが廃止された。

　第4に，価格形成については入札取引が継続され，需給実勢を反映した価格形成のために，入札回数や上場数量が増やされた。

米市場の混乱と政府の対応

　食糧法によって，それまで政府が果たしてきた機能が系統農協に転嫁され，大手の流通業者や実需者がイニシアティブをもつようになった。食糧法はその制定当初から制度内での整合性を欠き，市場政策として重要な過剰対策，価格下落対策が不十分であったため，米市場は大きく混乱した。

第Ⅱ部　品目編

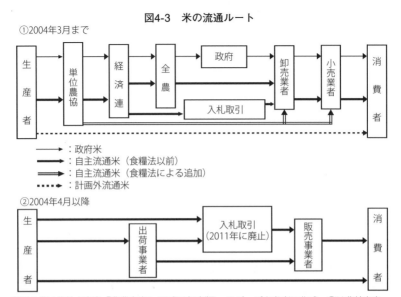

図4-3　米の流通ルート

資料：①は農林水産省『農業白書』(平成7年度版),51ページを参考に作成。②は農林水産省「新たな米流通制度について」(2004年4月)を参考に作成。
注：1) 集出荷業者については,系統農協のみを図示した。この他,全国主食集荷協同組合連合会系の業者もある。
2) 自主流通米,計画外流通米は,主要な流通ルートのみを図示した。

第1に,豊作の連続や輸入米の影響などによって,過剰問題が本格化した。期末在庫は,1997年度末をピークに,適正とされる数量を上回って推移した(前掲,図4-2)。全農による調整保管は破綻し,政府は在庫の削減のために,年々,生産調整目標面積を増大させた。

第2に,自主流通米の価格が大幅に下落し(図4-4),稲作経営が悪化した。これに対処するために,政府は1998年産から稲作経営安定対策を創設し,価格支持政策を転換し,市場での価格形成を前提とする方策とした。この制度は,価格が低下した場合に,生産者の拠出と政府の助成により造成された基金から,生産者に対して価格下落の一定割合を補填するというものであった。

第3に,系統農協の集荷率が大幅に低下するとともに,農協,経済連の産地間競争が激しさを増した。生産者が,消費者や系統農協以外の集荷業者へ

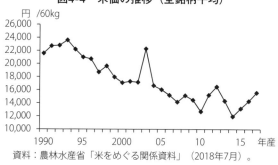

図4-4　米価の推移（全銘柄平均）

資料：農林水産省「米をめぐる関係資料」（2018年7月）。

の販売を拡大させた。単協が経済連を通さずに卸・小売業者へ直接に販売したり，経済連を経由しつつも単協による販売先卸の指定が活発となった。産地間競争の激化によって，価格低下に拍車がかかった。

第4に，卸・小売業者については，スーパーマーケットが本格的に米流通に参入し，業界の再編が進んだ。消費者による米購入先が，従来の「米屋」からスーパーへとシフトした。スーパーは流通においてイニシアティブをとるようになった。卸売業者間での競争もきわめて激しくなり，合併も多く行われた。

なお，1999年4月に，米輸入の関税化が実施された。

この時期における米市場の混乱の原因として，政府が急激に市場原理を導入しようとしたことがあげられる。また，計画外流通米を認めたことにより，生産者と卸・小売業者がそれに一定のメリットを認めたため増加し，計画流通制度の崩壊につながった。さらに，全農の調整保管の失敗は，政府以外の者が過剰対策を実施することが非常に困難であることを示した。政府が価格支持水準を明確に提示できなかったため，市場政策が中途半端なものとなってしまった。

4　改正食糧法下の米市場

米政策改革

　旧食糧法下での制度の破綻は決定的となり，2004年4月に改正食糧法が施行され，**米政策改革**が開始された。米政策改革によって，生産調整の方式が大きく変更され，流通・価格面の規制緩和がより徹底された。その内容は以下のとおりである。

　第1に，生産調整については，販売実績を基礎として，生産目標の数量・面積を配分する方式に転換された。従来の転作助成金は産地づくり交付金となり，使途については「地域農業水田ビジョン」を策定し，地域の創意工夫によって決められるようになった。

　第2に，旧食糧法下での計画流通制度が廃止され，政府は「基本指針」としてガイドラインを示すにとどめ，計画的な流通を確保することを放棄した。

　第3に，流通・価格に対する規制がほぼ全面的に撤廃された。流通業者の参入は原則的に自由となり，流通ルートの特定がなくなった。価格形成については入札取引が引き継がれたが2011年3月に廃止され，その後は相対取引のみとなった。

　さらに，2007年度からは，「品目横断的経営安定対策」(08年からは水田経営所得安定対策)が導入された。この制度は，米，麦，大豆などを対象品目とする収入減少影響緩和対策（ナラシ対策）において，担い手の販売収入の減少を，生産者と国による拠出によって補てんするものである。

農業者戸別所得補償制度の導入

　2010年度に，民主党農政の下で，農業者戸別所得補償制度が導入された（10年は米のモデル対策，11年度から畑作物も含めて本格実施）。自民党農政での水田経営所得安定対策は大規模農家に支援を集中化・重点化する政策であったが，民主党の農業政策では，小規模農家を含め意欲あるすべての農業者

が農業を継続できる環境を整えていくことが目指された。

　水田活用の所得補償交付金は，産地づくり交付金を引き継ぐものである。水田を有効活用して，食料自給率向上に重要な麦，大豆，米粉用米，飼料用米などの生産を拡大させるための支援である。ただ，産地づくり交付金の使途が地域で決められたのに対して，水田活用の所得補償交付の単価は全国一律とされた。

　米の所得補償交付金は，米の販売価格が生産費を恒常的に下回っていることを受けて，米への直接支払により所得を補償するものであり，主食用米の作付面積に応じて交付された。その内容は，価格水準の動向に関わらず交付される「定額部分」と，標準的な販売価格を下回った場合に，その差額が交付される「変動部分」とがあった。

米政策の見直し

　自民党が再び政権を取った後の2013年度以降も米と水田活用の戸別所得補償交付金は，直接支払交付金に名称を変えて引き継がれた。しかし，米の直接支払交付金については，「変動部分」は14年産から廃止，「定額部分」は14〜17年産まで半減された後，18年産から廃止された。また，18年には行政による生産数量目標の配分廃止され，いわゆる「減反廃止」が実施された。水田活用の直接支払交付金は継続され，飼料用米に重点をおいた対策が行われている。

　こうした改革には，下記のような問題点がある。

　一つめは，目標配分の廃止によって，米の生産数量を抑制できるかという点である。これまでは，米の直接支払交付金によるメリット措置が存在し，行政的な指導によって，なんとか生産数量を抑えることができた。これらがなくなれば，需要量以上の米が生産され，米価下落がいっそう進むことが懸念される。

　二つめは，行政による配分が廃止された後に，生産県が示すようになった「生産の目安」の実効性についてである。地域が独自の判断で生産量を決め

るだけでは，全体的な需給調整が困難となると考えられ，「生産の目安」には大きな意義がある。その際，「生産の目安」をどのような方法で設定するか，そして，生産の目安を実効性のあるものにするためにはどのような措置を講ずればよいかといったことが課題となろう。

参考文献
［1］三島徳三『規制緩和と農業・食料市場』（日本経済評論社，2001年）。
［2］日本農業市場学会編集『激変する食糧法下の米市場』（筑波書房，1997年）。
［3］佐伯尚美『米政策改革Ⅰ・Ⅱ』（農林統計協会，2005年）。
［4］佐伯尚美『食管制度』（東京大学出版会，1897年）。
［5］冬木勝仁『グローバリゼーション下のコメ・ビジネス』（日本経済評論社，2003年）。
［6］小池（相原）晴伴「米市場に関する主要文献と論点」美土路知之・玉真之介・泉谷眞美編著『食料・農業市場研究の到達点と展望』（筑波書房，2013年）。

用語解説 ･･･

食糧管理法
　　わが国の主要食糧である米麦の管理を行うことを定めていた法律。1942年に制定され，1995年に廃止された。この法律の下での制度を，食糧管理制度という。当初，国による主要食糧の全量管理を規定していたが，数次の改正によって統制的側面が弱くなり，市場原理を基本として政府が市場介入をする内容となった。1969年の自主流通米制度創設以降，政府による全量買入は部分的なものとなった。

自主流通米
　　政府を通さずに全農から卸売業者へと販売されていた米。1969年に制度が創設され，2004年に改正食糧法の施行によって廃止された。当初，国民の良食味米志向への対応を目的としたが，1980年代末以降，米流通の大部分を占めるようになった。価格形成については，全農と卸売業者の団体との交渉による相対で決定されていたが，1990年に入札取引が導入された。改正食糧法によって，自主流通米制度は廃止された。

生産調整
　　米の過剰を事前に抑制するために，田に水稲を作付けせず，麦，豆，飼料作物，野菜などを作付けすること。減反，転作ともいう。1960年代末の米過剰対策として，1970年度から本格的に開始された。2003年度までは，生産調整目標面積を行政ルートを通して配分していた。2004年の改正食糧法の施行によって，農業者・農協による主体的な需給調整システムとなった。2018年に行政による生

産数量目標の配分が廃止された。

食糧法
　わが国の主要食糧である米麦の需給や価格の安定方策を定めた法律。1995年11月に施行され，2004年4月に改正法が施行された。正式名称は「主要食糧の需給及び価格の安定に関する法律」。食糧管理法の統制的な側面を部分的に継承しつつ，市場原理を大幅に導入した。当初，流通ルートを特定し，自主流通米を中心として米を計画的に流通させることを目的としていたが，米過剰問題を解決できず改正食糧法が施行された。

米政策改革
　食糧法施行後に起きた市場の混乱を解決することを目的とし，米政策を抜本的に改革しようとした。その内容は米政策改革大綱（2002年12月）としてまとめられ，2004年4月に改正食糧法が施行された。1994年産米以降の連続した豊作などによって過剰問題が発生し，米価の急激な下落によって稲作経営は悪化した。生産調整における生産目標数量の配分が導入された。また，流通・価格に対する規制は，ほぼ完全に撤廃された。

事後学習（さらに学んでみよう，調べてみよう）……………………………

（1）米の市場政策の変遷についてさらに詳しく学習するには，佐伯尚美『食管制度』，同『米政策改革Ⅰ・Ⅱ』，三島徳三『規制緩和と農業・食料市場』がよい。また，近年，政策の変化が激しいが，毎年発行される農林水産省「食料・農業・農村白書」の米関係の部分をフォローするとよい。

（2）農林水産省「米をめぐる関係資料」は年に数回公表され，米の需給・価格の動向に関する詳細なデータが掲載されている。この資料を用いて，米市場の最新の動向を調べてみよう。

（3）近年，農協ごとに独自な戦略で米販売を行うようになっている。近隣の農協を訪問し，どのような米の売り方をしているか調査してみよう。

［小池（相原）晴伴］

第5章　青果物

事前学習（あらかじめ学んでおこう，調べておこう）……………………………

（1）日々の食事で摂取した野菜・果実（これら由来の加工食品を含む）の種類や購入先を整理してみよう。
（2）農産物直売所に行って，どんな人が農産物や加工食品を出荷しているのか，棚や袋などを観察してみよう。

キーワード………………………………………………………………………………

　卸売市場，量販店，片務的取引方式，産地直結，直売所

第5章　青果物

1　青果物の需要構成と流通経路

青果物の需要構成

　青果物は野菜と果実とから構成される。**図5-1**はこのうち，主要野菜について，家計消費需要ならびに加工業務用需要の比率の推移をみたものである。家計消費需要とは，生産された野菜が加工過程を経ず，そのまま消費者に購入される場合を指す。加工業務用需要は，加工用ならびに外食など業務用に向けられる場合を指す。同図によれば，家計消費需要比率は1990年にはほぼ50％の水準（49％）であったが，その後漸減傾向が続いており，2015年には43％にまで低下している。結果，加工業務用需要比率が57％に達することになった。つまり今日の食生活においては，野菜を食材として購入し，調理して食べるよりも，他者が調理，加工したものを購入し，喫食する方が量的に多くなっているのである。

　このうち輸入品については，家計消費需要では各年とも2％以下となっているのに対し，加工業務用需要に占める輸入品の割合は1990年の12％から2005年の32％へと大きく伸長し，野菜需要全体に占める割合も現在17％に達

図5-1　主要野菜の需要構成

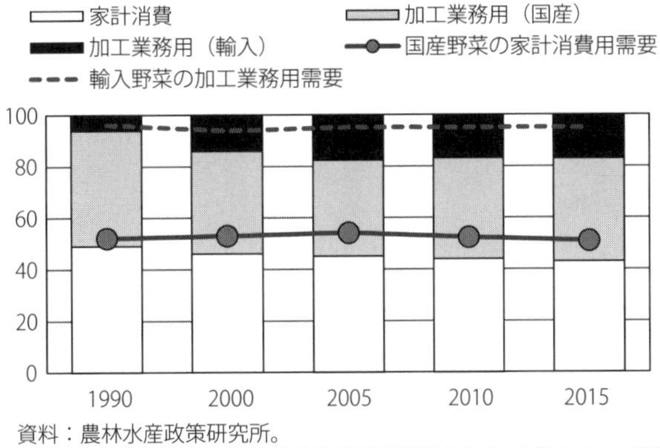

資料：農林水産政策研究所．
注：1）主要野菜とは農林水産省指定野菜のうち，ばれいしょを除く13品目．
　　2）家計消費用に占める輸入品の割合は各年とも2％以下．

第Ⅱ部　品目編

している。このように，近年の野菜需要の変化は，家計消費需要から加工業務用需要へと緩やかにシフトしつつ，後者の中での輸入品の比率が上昇しつつあるという点に大きな特徴がある。

　ここで，国産・輸入別に家計消費用，加工業務用への仕向割合をみたものが同図の折れ線である。国産野菜の家計消費用向け比率は51～54％で推移しており，家計消費用と加工業務用の割合は拮抗していることが分かる。これに対して，輸入野菜は約95％が加工業務用となっており，家計消費用は5％に過ぎない。

食品産業における生鮮青果物の仕入経路

　続いて図5-2から，食品産業（食品卸売業，食品製造業，食品小売業，外食産業）における生鮮青果物の仕入経路をみていく（生鮮青果物とは，加工

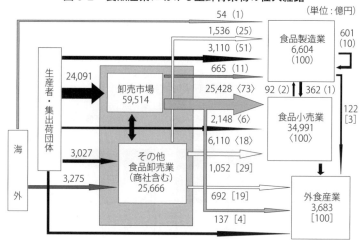

図5-2　食品産業における生鮮青果物の仕入経路

資料：農林水産省『食品産業活動実態調査報告』2009年6月。
注：1）（ ）は食品製造業，〈 〉は食品小売業，[ ]は外食産業の，それぞれの仕入額に占める割合（％）。極小値を省略しているため，100％にならない。
　　2）卸売市場の数値は卸売市場内の卸売業者・仲卸業者の仕入額の延べ値。この他にも食品卸売業は同業内部での売買が多く，仕入額が膨張している。
　　3）直接消費者へ流通するものは含まない。

第5章　青果物

されていない青果物を指す）。まず，食品卸売業のうち卸売市場については，国内産地（生産者・集出荷団体等）から2.4兆円の青果物を，その他食品卸売業も国内産地ならびに海外からそれぞれ約3千億円を仕入れている。次に，食品製造業では，全体の51％を国内産地から仕入れるほか，25％をその他食品卸売業から仕入れている。食品小売業は全体の73％を卸売市場から仕入れている。

外食産業はその他食品卸売業から29％，卸売業者から19％を仕入れているが，食品小売業からの仕入れが45％と最も高い値となっている。その食品小売業は卸売市場から約7割を仕入れていることから，外食産業の使用している生鮮青果物のうち，少なくとも5割程度は卸売市場経由であることが分かる。

青果物の流通経路と担い手

このように生鮮青果物の流通では，卸売市場が大きなウェイトを占めている。この卸売市場を中心とした流通過程を示したのが**図5-3**である。生産者が青果物を出荷する相手の中で代表的なものは集出荷業者と農協である。このうち，集出荷業者はかつて産地商人と呼ばれていた業者で，産地において

図5-3　卸売市場を中心とする青果物の流通経路

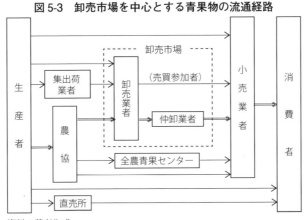

資料：著者作成。

生産者等から農産物を集荷し，消費地に出荷している。通常，生産者から価格を決めて現金で買い取り，リスクを背負いながら卸売市場に出荷販売を行う。他方，農協（農業協同組合）は地域の生産者等が結成する協同組合であり，営農指導，販売，購買などの事業のほか金融関係の事業（信用事業，共済事業）を併せて行う総合農協と，特定の農産物に関する営農指導，販売，生産資材購買を行う専門農協の2種類がある。農協の販売事業は共同販売と呼ばれ，生産者から価格を決めずに集荷（委託集荷）し，販売した金額から定率の手数料と選果料や運賃など諸経費を差し引いて生産者に支払う。その際，一定期間内の販売金額をプールし，等階級別の平均単価を算出，出荷数量に応じて各生産者に支払う（共同計算）。

これら集出荷業者・農協などの青果物を集荷し，価格形成と分荷を行うのが卸売市場である。これは卸売市場法に基づいて全国各都市に開設されているもので，人口20万人以上の自治体が開設できる中央卸売市場と，自治体ないし民間企業が開設する地方卸売市場の2種類がある[1]。卸売市場の中には，全国の産地や海外から青果物を集荷する卸売業者と，卸売業者から購入して小分け，一次加工や配送などを担当する仲卸業者が営業している。この卸売市場に類似した機構として，主に農協から集荷して量販店等に販売する事業を行うJA全農青果センターがある。これは全農（全国農業協同組合連合会，農協販売・購買事業の全国連合会）が出資して設立した同名の会社が運営する青果センターで，全国に合わせて3箇所（東京センター（戸田），神奈川センター（平塚），大阪センター（高槻））ある。

卸売市場経由率の推移

国内における青果物の総流通量のうち，卸売市場を経由する割合（卸売市場経由率）の推移を見たものが**図5-4**である。これによれば，野菜・果実の卸売市場経由率は，野菜が1989年の85.3％から2015年の67.4％へ，果実が同じ期間に78.0％から39.4％へと，それぞれ自給率の低下に概ね歩調を合わせる形で低下してきた。輸入青果物の卸売市場経由率は，算出できるようにな

第5章　青果物

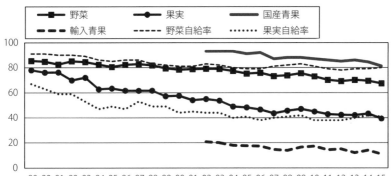

図5-4　卸売市場経由率の推移

資料：農林水産省『卸売市場データ集』各年次版，同省資料（http://www.maff.go.jp/j/zyukyu/zikyu_ritu/attach/pdf/012-2.pdf，2018年10月25日）。
注：卸売市場経由率，自給率はいずれも重量ベース。

った2002年時点で21％と低かったが，その後さらに低下し続け，2015年には11％となっている。輸入品の経由率が低いのは，加工品として輸入されることが多いからである。特に果実の場合，オレンジやリンゴの果汁の輸入が1990年前後に相次いで自由化されており，卸売市場の機能を必要としないこれら輸入加工品が卸売市場経由率を押し下げてきたのである。

一方，国産青果物の経由率は2002年の93％から低下したとはいえ，2015年で81％と依然，高い水準を維持している。分散・零細的かつ季節的な青果物の生産と，同じく分散・零細な消費を接合し，価格を形成するには，卸売市場の仕組みが有効であることを示している[2]。

ただ，このことは全ての卸売市場が安泰であることを意味しているわけではない。農協などによる卸売市場の選別，量販店などによる卸売市場の競争的な利用（後述）によって，卸売市場間の競争は激化の一途をたどっており，卸売市場は厳しい環境下に置かれている。

2　卸売市場流通と価格形成

卸売市場を中心とした価格形成

　卸売市場における卸売業者の集荷方法は委託集荷と買付集荷の2種類だが、主たる集荷方法は委託集荷である（2016年で60％）。農協も生産者からの委託集荷を主としており、生産者－農協－卸売市場（卸売業者）の間は基本的に価格を決めずに青果物が出荷されていく過程となっている。

　卸売市場では、卸売業者と買い手である仲卸業者・売買参加者との間で価格が形成される。価格形成（取引）の方法はセリ取引と相対取引の2種類がある。このうちセリ取引はセリ（競売、オークション）によって価格を決めるもので、買い手のうち、最も高い価格を提示したものがその価格で購入する。相対取引とは卸売業者と特定の買い手（仲卸業者など）との間で個別に交渉して価格を決めるものである。かつて卸売市場ではセリ取引が原則だったが、2000年からセリ原則が廃止され、セリ取引の割合は急速に下落、現在では中央卸売市場で11％、地方卸売市場で26％に止まっている。セリ・相対取引いずれの場合も、形成された価格に対し、委託集荷したものについては定率の委託手数料が、買付集荷したものはその売買差益が卸売業者の収入となる。

　小売業者のうち、八百屋、果物屋など専門小売業者は売買参加権を取得し、卸売市場内の卸売業者からセリによって仕入れることが一般的である。これに対して、スーパーマーケット、生協、農協（Aコープ）など量販店は、仲卸業者を通じた仕入れが一般的である。

量販店への納入価格の形成プロセス

　量販店は青果物の仕入れに当たって、前週に翌週1週間分の価格を決め（週値決め）、発注は前日に行うことが一般的である。量販店は仲卸業者間の納入競争を通じて、部分的にではあるが価格変動リスクを仲卸業者に転嫁して

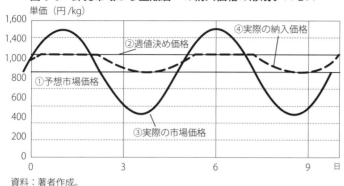

図5-5 卸売市場から量販店への納入価格の形成プロセス

資料：著者作成。

いる。図5-5を用いてそのプロセスを説明する。まず，仲卸業者は量販店との商談において翌週の市場価格を予想し（図中①），これに必要経費を含む自社の粗利益を乗せた価格を基準に週値決めを行う（同②）。実際にその週になれば，市場価格は日々変動を繰り返しており，週値決めした価格より高い日もあれば低い日もある（同③）。週値決めした価格より市場価格が高くなった場合には，仲卸業者は週値決めの価格を遵守して納入するが，逆の場合，すなわち週値決めした価格より市場価格が低くなった場合には，納入価格を下方修正して納入することが多い（同④）。したがって，仲卸業者は仮に平均市場価格が前週に予想したとおりであったとしても（図はそのような場合を示している），当初見込んでいた粗利益を確保することが難しくなる。

仲卸業者がこうした対応を取る（取らざるを得ない）のは，量販店を巡る卸売市場間，仲卸業者間の納入競争が存在するからである。市場価格が高騰したときに納入価格を上方修正することも，市場価格が下落したときに価格を下方修正しないことも，ともに量販店からの発注量を減らす可能性が高い。さらに，市場価格高騰時（つまり仲卸業者において売買逆鞘が生じているとき）は量販店からの発注量が増える傾向にあり，トータルとしての仲卸業者の粗利益はさらに圧縮されることになる。量販店が卸売市場の利用を継続す

図 5-6　生協産直のパラドックス

播種前に産地と生協とが価格決定
↓
産地における不作［豊作］　×　←　産直品への注文が増加［減少］
↓　　　　　　　　　　　　　　　　　　　↑
卸売市場における価格高騰［下落］
↓
スーパー等の店頭価格高騰［下落］　→　産直品の価格が相対的に下落［上昇］

資料：著者作成。

る理由は，こうして産地から直接仕入れるよりも都合のよい仕組み（片務的取引方式[3]）が確立できているからである。

3　卸売市場外流通の多様性

生協による産地直結

　卸売市場を経由しない流通を卸売市場外流通と呼ぶ。卸売市場外流通は多様な展開をみせているが，その代表的なもののひとつは生協が行っている産地直結である。生協産直においては，**産直3原則**に基づき，産地と協議して栽培方法等を決め，播種前に生産費等を基準に価格を決定する。こうした産直の仕組みは安全・安心な農産物を産地，生産者とともに作り，流通させるという目的から創出されたものである。

　図5-6は生協産直の一種である無店舗販売（共同購入および個配，生協組合員がカタログに基づいて注文し，生協が1週間後に組合員に届けるもの）において生じやすい逆説的な状況について示したものである。生協産直においては，播種前に生産費等を参考に価格を決定し，生産に入るが，実際には予定通りにはいかず，ある時は天候不順によって凶作に，またある時には天候に恵まれて豊作になる。凶作となると出荷量が減少し，卸売市場での価格が高騰する。すると卸売市場から多くを仕入れている量販店を含む小売店頭

での価格が高騰する。このとき，消費者が生協無店舗販売のカタログを見ると（播種前の価格のため）小売店頭価格よりも相対的に安価となっている。そこで生協に注文をする消費者が増加することになる。こうして通常より大量の発注が，凶作でただでさえ出荷量を確保しにくい産地に届くのである。産地が豊作となった場合には［　］で示したようになり，通常より少量の注文が豊作で青果物が余っている産地に届くわけである[4]。

　こうした現象は，契約栽培一般に広く起こっている現象であり，市場外流通といえども，卸売市場価格の影響から自由にはなりにくいことを示している。契約時点で価格・数量をともに決定するか，販売する青果物の品質が一般のものより明らかに優れている，と認識されていれば，卸売市場価格に左右されない販売が可能になる。このうち，前者についても，価格だけでなく数量までも予め固定するということに買い手を納得させるには品質的な優位性がやはり必要になる。

農産物直売所

　開設主体は生産者自身のもの，同グループ，農協などさまざまである。生産者自身による直売所は文字通り生産者と消費者との直結といえるが，小規模なものが多い。農協などが開設する規模の大きい直売所が増えてきている。

　直売所の出荷者は近隣の生産者であり，部分的には農協の選果場などから農協名義で出荷される品もある。生産者自身が価格を決めるが，品質などによって売れ行きには差が生じ，売れ残ったものは生産者自身が持ち帰って処分しなければならない。売れ行きの悪いものは価格を下げたり量目を増やすなどの工夫が必要となる。農協営の直売所の場合，販売手数料は一般に15～20％程度であり，農協の販売事業の中では手数料率が高いものの，他の流通経費がかからないので，生産者の手取りは比較的高い。また，消費者の声を直接聞き，反応を確かめることが出来るので，生産者のやり甲斐を高める効果を持っている。

　こうした直売所の興隆を目の当たりにして，量販店などにも生産者の持ち

第Ⅱ部　品目編

込みによる直売コーナーを作る動きが広がってきており，直売所を運営する農協などに売り場の一部を提供し運営してもらうインショップも普及してきている。

注
（1）卸売市場法が2018年6月に改正され（2020年施行予定），これまで認可制であった卸売市場の開設は認定制となり，施設規模など一定の要件を満たせば，民営市場でも中央卸売市場と認定されることになった。
（2）図5-1で国産野菜の約半分は加工業務用需要に仕向けられていることを明らかにしたが，そのかなりの部分も卸売市場を経由していることになる。
（3）片務的取引には，この他にも特売協力（低価格納入），センターフィー（配送センター使用料）などがある。
（4）こうした逆説的現象は，豊凶変動が局所的でなく小売価格に影響を与えるほど広域にわたっていること，消費者の注文から発送までの約1週間に事情が変化しないことの2つを条件とする

参考文献
［1］細川允史『激動に直面する卸売市場』（筑波書房，2017年2月）。
［2］食農資源経済学会編『新たな食農連携と持続的資源利用』（筑波書房，2015年8月）。
［3］桂瑛一編著『青果物のマーケティング』（昭和堂，2014年12月）。
［4］櫻井清一『直売型農業・農産物流通の国際比較』（農林統計出版，2011年1月）。
［5］木村彰利『変容する青果物産地集荷市場』（筑波書房，2015年2月）。
［6］日本農業市場学会編『現代卸売市場論』（筑波書房，1999年3月）。
［7］坂爪浩史『現代の青果物流通』（筑波書房，1999年1月）。
［8］木立真直編『卸売市場の現在と未来を考える―流通機能と公共性の観点から―』（筑波書房ブックレット，2019年）

用語解説 ……………………………………………………………………

産直3原則
　生協が産地の生産者・農協等と産直を行う際，その原則としてきた，①産地と生産者が明確であること，②栽培（家畜の場合には飼育）方法が明確であること，③生産者と交流できること，という3項目。

事後学習（さらに学んでみよう，調べてみよう）……………………………

（1）卸売市場に見学に行って話を聞いてみよう。事前に卸売市場の開設者に連絡をすれば，説明を受けながら見学できる卸売市場も多い。そして，卸売市場を経由することが流通費用の節約になっていることを考えてみよう。

（2）自宅で生協の宅配を利用している人は，どんな理由でどんな時に注文しているのか，保護者に聞き，議論してみよう。

[坂爪浩史]

第6章　水産物

事前学習（あらかじめ学んでおこう，調べておこう）

（1）スーパーの水産物売り場や魚屋をのぞいてみよう。どの魚がどこから来ているかラベルやポップから確認してみよう。

（2）1週間の自分自身の食生活を記録してみよう。いつ，どの水産物をどのように食べただろうか。肉類と比べて水産物を食べた機会は多いだろうか。少ないだろうか。その理由は何だろうか。

キーワード

　水産物，産地卸売市場，消費地卸売市場，漁業協同組合（漁協），スーパー

第6章　水産物

1　わが国の水産物市場の動向

水産物の重要性

　古くから水産物を主な動物性たんぱく源として利用してきたわが国にとって，水産業は食料生産を担う重要な産業である。「魚ばなれ」が指摘されて久しいが，現在もなお1日に摂取するたんぱく質の約2割を，肉類と並び水産物から得ている。水産物は現在もなお重要な食料である。また，単なる食料としてだけでなく，各地で水揚げされる多種多様な水産物を調理し，味わい食すという食文化が日本全国のいたるところで根付いてきた。日本の食文化が世界的に注目される中で，水産物の重要性が見直されている。

生産の状況

　しかし，水産物の供給を支える国内の漁業生産の状況をみてみると，年間の漁業生産量は，1984年の1,282万tをピークに右肩下がりを続け，2016年は436万tとなった[1]。生産額も1982年の2兆9,772億円から，2016年は1兆5,856億円となっている[2]。漁業就業者の数は2005年は22万2,170人であったが，2017年には15万3,490人へと減少している。高齢化も進んでおり，漁業就業者数のうち約39％が65歳以上であり，75歳以上だけをみても約14％を占めている。

水産物需給の状況

　次に水産物需給の状況についてみてみる（図6-1）。2016年度におけるわが国の水産物の供給量は合計769万tで（概算値）[3]，現在，国内消費仕向量のうち約半分が輸入によるものである。これまでわが国は水産物輸入大国として水産物の国際市場に大きな影響力を持っているといわれてきた。日本で輸入水産物が急増してきた背景として，1977年以降の**200カイリ排他的経済水域**の定着によって，それまで主力であった日本の遠洋漁業を縮小せざるを

第Ⅱ部　品目編

図6-1　水産物の需給状況（2016年）

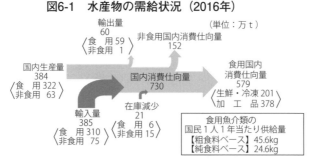

資料：水産庁『水産白書』平成29年度版より引用。元データは農林水産省『食料需給表』。
注：1）数値（純食料ベースの供給量を除く）は原魚換算したものであり，鯨類及び海藻を含まない。
　　2）純食料ベースの国民1人1年当たり供給量については，消費に直接利用可能な形態（頭部，内臓，骨，ひれ等を除いた形態）に換算。

えなかったこと，1985年のプラザ合意による円高によってニッスイや現在のマルハニチロなどの大手水産会社だけでなく中小規模の商社も輸入を増加させていったこと[4]，1990年代のバブル経済崩壊後の消費者の低価格志向が強まったことなどが挙げられる[5]。どの年代においても日本が水産物輸入を増加させる要因が存在してきた。しかし，最近は日本をはじめとして世界各国が貿易自由化を一層促進しようとしている上，世界的に水産物に対する需要が高まっている中で，かつては見られなかったような水産物を巡る世界的な競争が起きている。その結果，水産物の国際価格が上昇し，わが国は価格競争についていけずに他国にとられてしまうという，いわゆる日本の「買い負け」傾向が見られ始めている[6]。そうした状況を受け，輸入量は2001年をピークにおおむね減少傾向で推移している。これに伴って，食用水産物の自給率は2001年には53％まで低下していたが，その後は回復傾向を示し，2016年は56％となっている。

　水産物の需要のうち，国内消費仕向量は730万tで，このうち約79％を食用国内消費用に仕向けている。食用仕向けには，生鮮のほか，冷凍，加工品，加工原料としても流通している。水産物輸出は国として力を入れようとしており，2016年度は60万tであった。水産物輸出は，1960年代までわが国にとって重要な外貨獲得産業であった[7]。主に米国向けに原料冷凍マグロや缶詰，

真珠やホタテ（貝柱）などが中心であったが，水産物の輸入が増加するに従い，輸出は低迷していく。輸出量ベースで1999年に底を打つが，特定の魚種については固有のマーケットが成長したため，それらを主体に輸出が増加してきた。例えば，養殖ブリの対米輸出や，シロザケ（いわゆる秋鮭）の中国向け加工原料輸出などである。さらに政府の輸出促進策のもと，全国各地で生産者や加工業者などが輸出に取り組みつつある。しかしながら，魚種や輸出先国によっては，為替相場の変動，国内漁獲量の減少，福島第一原発事故による輸入制限など，輸出の阻害要因も顕在化してきており，不安定な状況にある。

2　水産物の流通

主な流通経路

水産物の流通には，大別して産地卸売市場および消費地卸売市場の両方またはいずれかを経由する市場流通と卸売市場を全く経由しない市場外流通がある。

生鮮水産物の場合，産地卸売市場と消費地卸売市場の２段階の卸売市場を経由する市場流通が主である（**図6-2**）。産地卸売市場で卸売を行っているのは主に**漁業協同組合**（以下，漁協）であるので，ここでは漁協が卸売を行っているケースを念頭において一般的な市場流通の流れを示す。まず生産者は水揚げした水産物を産地卸売市場に委託出荷する。水産物を委託された漁協はセリや入札を行い，買受人に販売する。買受人には，消費地卸売市場などへ出荷する出荷業者，地元の小売業者や外食業者などに卸す地元卸売業者，

図6-2　生鮮水産物の市場経路

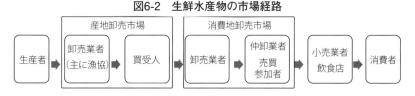

自らセリや入札に参加する地元の小売業者や外食業者，加工原料を仕入れる加工業者，保蔵を行う冷蔵業者など，様々な業者がいる。産地卸売市場には，多種多様な種類やサイズの水産物が集荷される。それらを用途別に仕向けるのが産地卸売市場の買受人である。買受人は買い付けた水産物の代金を漁協に支払い，漁協は手数料などを差し引いた金額を生産者に支払う。

　次に，消費地卸売市場の卸売業者（荷受）は，全国の荷主（産地卸売市場の出荷業者など）から出荷される水産物を集荷する。それを卸売業者はセリや相対などで仲卸業者や売買参加者に販売していく。ここでも産地卸売市場と同様に，仲卸業者や売買参加者は取引で決まった金額を卸売業者に支払い，卸売業者はそのうち手数料を差し引いて，荷主に支払う。消費地卸売市場の仲卸業者は市場内に構えている店舗で買出人（小売業者や外食業者など）に相対または定価販売する。

　最近では生産者が小売店舗や消費者に直接販売する形での市場外流通も増加している。水産物の卸売市場経由率が1989年の74.6％から2015年には52.1％へと低下していることからも市場外流通が増加していることがわかる[8]。ただし，この数値は産地卸売市場の取扱量を除いたものであり，現在においても産地卸売市場の存在が大きいことに変わりはない。

　この他，水産物には様々な流通がある。例えば，養殖魚は漁協・漁連のほか産地問屋や飼餌料販売会社などによって消費地卸売市場へ出荷されるケースや，市場外流通として直接，スーパーや外食チェーンなどに販売されるケースが多い。日本の遠洋漁業による冷凍マグロは商社系による一船買いが基本で，輸入マグロと同様に取引をする。一部は築地市場（現豊洲市場）など中央卸売市場にも出荷されるが市場外流通が中心である。ただし，一般に同市場の大手荷受業者が仲介している[9]。同じく遠洋漁業による国産冷凍魚でも，イカやカツオなどは，それぞれが八戸，焼津，枕崎などの主要産地卸売市場で市場取引がなされる。冷凍エビ，冷凍サケ・マス，冷凍すり身などは，大手商社や大手水産会社，場外問屋などが主導権を持つ個別商材ごとの市場外流通が形成されている。輸入水産物は冷凍魚に限らず鮮魚なども含め，

商社などの輸入業者を通じて消費地卸売市場へ出荷されることもあるが、多くは卸売市場を通さず、直接、末端の小売業者や加工業者に販売されることが多い。活魚の出荷は地域ごとに特色があり、東日本では泳ぎ物を指すことが多く、西日本では養殖の活じめ出荷を指すことが多い。活魚流通の実質的な担い手は産地問屋と消費地問屋であり、彼らによる市場外流通が多いが[10]、天然魚の活魚や養殖マダイの活魚などは中央卸売市場出荷も多い。

産地卸売市場

　水産物の産地卸売市場と消費地卸売市場の区分は、地方卸売市場における産地・消費地の売場の規模区分はあるが本質的な定義はなく、その卸売市場の立地や機能から判断される。特に産地卸売市場の場合、生産者が水揚げをしてからまず最初に（第1次段階）の取引が行われているか否かという機能が重要である。水産物は生鮮食料品の中でも特に腐敗性が高い。かつ、消費の場においては鮮度に対する要求が非常に強い商品である。そのため、生産者にとっては生産した魚を水揚げ後、できるだけ早く価値を形成させることが重要である。そして、第1次段階で価値実現された水産物の鮮度保持が可能な時間帯に迅速に流通させ[11]、都市消費者へ仕向けていく場として整備されてきたのが産地卸売市場である。また、用途別仕向けの場としても重要な機能を果たしている。集荷される水産物には、多種多様な種類、多様なサイズが入り混じっている。同じ魚種や同じサイズであっても含脂率などによって品質に大きな差が出たり、生鮮向けか加工原料向けかなど用途にも違いが出てくる。このように産地卸売市場では魚種やサイズや品質ごとに水産物が選別され、食用向け（消費地出荷、加工原料など）あるいは非食用向け（ミール、餌料など）に多目的に仕向けられる基点としての役割を果たす。また、一般的には価値のある魚種としては評価されないような、いわゆる「雑魚（ざつぎょ）」でも地域性のある食材として高価格で商品化する機能や、鮮魚商や行商等の地域の小規模買受人の商品購入の機会を提供して地域の消費者へ供給するという産地の「地域における機能」も有している[12]。

2013年漁業センサスによれば[13]，859市場のうち年間取扱量3,000t未満が74%である。年間取扱金額では5億円未満が57%を占め，漁協が開設している641市場のうち81%が年間取扱金額5億円未満の市場である。近年の水揚げ量の減少，漁業者や買受人数の減少，魚価の低迷などにより，規模の大きさに関わらず，産地卸売市場の経営は悪化している。産地卸売市場を開設・運営する漁協の経営そのものも困窮化してきている。

消費地卸売市場―中央卸売市場を中心として―

　消費地卸売市場は消費人口の多い都市部に立地する卸売市場であり，中央卸売市場や一部の地方卸売市場がそれに該当する[14]。『平成29年度　卸売市場データ集』によれば，全国40都市にある64の中央卸売市場のうち，水産物の取り扱いのある市場は29都市34市場である。また，水産物の取り扱いのある地方卸売市場563市場のうち251市場が消費地卸売市場と位置づけられている[15]。

　中央卸売市場は，とくに都市住民に向けて多様で新鮮な水産物を供給する水産物流通の要として，大正時代から高度経済成長期にかけ，大都市中央卸売市場を中心に制度的に整備されてきた。しかし，現在は，東京，大阪，名古屋，横浜など大都市にある中央卸売市場であっても，取扱金額が大きいとはいえ卸売業者の経営は厳しい状況にある。かつては，生鮮水産物の入荷が減少する中での中央卸売市場の生き残り策として，スーパーのニーズに応える形で規格化・定型化されている商品である養殖物，冷凍・加工品，輸入品などの取り扱いを増加させてきた。しかし最近では，こうした規格化・定型化された商品を大量に扱う大手スーパーは，消費地卸売市場を経由したものではなく，メーカーや場外の食品問屋からの直接仕入れに大きく移行したため，消費地卸売市場の取扱高の顕著な減少要因となっている。一方で，少量多品種の生鮮水産物については，スーパーの売場作りの上では欠かすことのできない商品であり，スーパーは品揃えのために，全国から多様な商品を集荷する消費地卸売市場の機能に依存することが最も効率的であり，たとえ大

手スーパーといえども消費地卸売市場経由での仕入が現在も依然として中心である[16]。また，スーパーへの対応強化を強めるために，拠点となる消費地卸売市場の卸売業者と周辺市場の卸売業者間での連携強化や系列化という方向も検討されている。さらに，収益性の低下に苦しむ多くのスーパーは，各種サービス提供のための設備投資や人的資源供給のための資金負担を卸売市場側に求める傾向にあり，市場側もこのようなスーパーの要望に応えることが卸売市場の生き残り策であるとの認識が一般化しつつある[17]。

3 スーパーをめぐる流通変化

四定条件と増える「雑魚扱い」

　現在，全国にある消費地卸売市場と産地卸売市場が，網の目のように流通網をつくり，日本をくまなく覆っている。この卸売市場の流通ネットワークが，全国のどこに住んでいても，安定的で豊かな水産物の品揃えが実現し，魚を生で食べるという日本の食文化を支えてきた[18]。加えて，日本で水揚げされる多種多様な水産物を評価し，それを流通させ，それを調理し，食べるという文化には，地域にある小さな鮮魚小売業（いわゆる魚屋）や行商などの存在が大きかった。彼ら・彼女らは地元で開設されている産地卸売市場に買い付けに行き，魚の食べ方を教えながら地元の消費者たちに販売してきた。しかし，鮮魚小売業の数は減り続けており，『平成29年度　卸売市場データ集』によると2014年の鮮魚小売業の数は１万4,000店（2007年に比べて30％減少），鮮魚販売額２兆3,537億円のうち鮮魚小売業が占めるシェアは22％で，1985年の45％から大きく落ち込んでいる。一方で，スーパーのシェアは増えてきており，現在の消費者の魚介類購入先の約71％はスーパーとなっている[19]。

　スーパーの中でも全国的にチェーン展開する量販店が水産物の流通の中で強固なバイイング・パワーを持つようになる中で，スーパーは，中間流通業者や出荷者に「四定条件」（定時・定量・定型・定（低）価）を満たす水産

物を要求するようになった。その結果，魚のサイズや種類が画一化され，スーパーが求める大量・広域流通にむく魚種ばかりが強く求められるようになった。たとえその魚がおいしくても，有名ではない地魚や小魚は値がつかない。有名な魚であっても，サイズが大きすぎても小さすぎても売れない。ロット数が少なくても売れない。その結果，既述のように冷凍・加工品，養殖物が定番商品となり，これまで小さな産地市場や行商や魚屋などによって評価され，流通されてきた多くの水産物は，スーパーからみて規格外であるとか，馴染みがないなどとして，評価が低くなっており，現在，「雑魚扱い」の魚が増えてきている。実際には全国各地で食べられる魚としては500〜600種類もの魚種が水揚げされているといわれているが，そのうち多くとも約50〜70種類の魚種しかスーパーで取り扱われなくなっているとみられる[20]。こうした状況を背景に，産地では値がつかない魚が増えていることから，「産地価格が低迷している」という状況が広範にみられる。

ローカルスーパーを中心とした「地魚競争」

一方で，スーパー同士の競争がますます激しさを増す中で，彼らはこれらの定番商品を基本としつつも，他店との差別化戦略として，集客を目的に生鮮水産物の扱いを重要視しはじめている[21]。なかでも，ローカルスーパーにとっては，巨大GMSとの差別化を模索する中で，定番商品に対して，いかに多種多様な地場産品を取り揃えるか，特に「今朝水揚げされた地場産品」が重要アイテムの一つとなっている。そのため，仲卸業者を利用して卸売市場から商品を入手するだけでなく，ローカルスーパー自らが商品差別化を進める目的で買参権を取得して産地卸売市場に入場するという事例が多くみられるようになっており[22]，消費地卸売市場や地方卸売市場などにおいてもローカルスーパーへの対応を強めるための方策の一つとして，地魚の集荷を強める対策を行うケースも増えてきている[23]。また，各地でこうした地元で水揚げされる「雑魚扱い」の魚を有効に利用していこうという試みも活発化している[24]。今，まさに「地魚競争」が激化しはじめているといえる。

4　水産物の消費の動向

『食料需給表』によると，わが国の1人あたりの年間水産物消費量は2001年度の40.2kgをピークに減少傾向を示しており，2011年には食用魚介類の1人あたり年間消費量28.5kgに対し，肉類の1人あたり年間消費量が29.6kgとなり，はじめて肉類が食用魚介類を上回った。2016年では，食用魚介類は24.6kgで，肉類が31.6kgとなっており（概算値），その差が広がりつつある。また，「魚ばなれ」は子供や若者に限ったことではなく，昭和30年代生まれ世代以降の世代では，年齢と共に魚介類の摂取が増加するという消費性向の「加齢効果」がみられず[25]，最近15年間では，ほぼ全ての世代で魚介類の摂取量が減り，反対に肉類の摂取量が増えていることが指摘されている[26]。

1970年代以降，消費者に水産物の消費を促す行政や業界の施策として魚食普及運動が強く推進されてきた。2000年代に入り，生活習慣病や栄養・健康問題が社会的にクローズアップされる中で，魚介類の栄養素，特に不飽和脂肪酸のDHAやEPAが注目され，2000年の「食生活指針」，2001年の**水産基本法**と「**水産基本計画**」，2005年の食育基本法と食育推進基本計画など次々と制定される政府の指針によって魚食普及活動は後押しされているはずだが[27]，残念ながら今のところ，魚食普及運動はわが国における水産物消費に大きな影響を及ぼすようなものとはなっていない。

5　わが国の漁業とこれからの水産物流通

わが国の漁業生産量は低下し，水産物消費も減少傾向にある。とはいえ，2016年には1,927人が新しく漁業に就業している[28]。Iターンの人たちを受け入れる体制を地域で構築しているような事例もある[29]。また，『水産白書』（平成27年度版）では，わが国の水産業は約1兆3,000億円規模の漁業生産を行う中で，燃油に約1,200億円，船の修理等に約700億円などを投じている。

また，漁獲物は冷凍魚介類の製造向けに約5,300億円，干物やねり製品などの水産加工向けに約3,000億円，飲食業向けに約1,200億円など，他の産業が経済活動を行うために供給されており，水産業が広い裾野を持ち，全体として大きな雇用と所得を地域に生み出す重要な産業であることが示されている[30]。また，既述のようにローカルスーパーを中心として，地元の生鮮魚介類は差別化アイテムとして重要視されていたり，各地で展開している道の駅や直売所などでは地魚を目当てに買い物にくる客も多い。急激に増加している外国人観光客が日本訪問で最も期待していることとして「日本食を食べること」を挙げ，寿司や魚料理に満足したという回答や次の日本訪問では農漁村体験をしたいという意向が観光庁によるアンケートで示されている[31]。このように多方面において水産物や水産業は重要な役割を果たしているといえる。

　また，四定条件を中間流通業者や産地に押し付けてきたスーパーだが，一部のスーパーの中にはこれまでのようにスーパーの論理を押し付けるのではなく，産地の論理を見直そうという動きも出てきている。研究サイドにおいても，これまでは水産物流通はプロダクトアウトからマーケットインへのパラダイムの転換が必要であると指摘されてきたが[32]，現在は反対に，「水揚げ順応型」流通の必要性が見直されつつある。また，若い漁業者が積極的に流通活動に乗り出す事例[33]や多くの漁村女性起業グループが地域の魚を利用して加工販売活動を展開している[34]。このように，水産物流通はまた新しい状況が見られ始めている。一方で，2018年6月に卸売市場法が改正された。2018年12月には「70年ぶりの抜本改革」として水産資源管理の強化や養殖業への企業参入をめざす改正漁業法が成立した。こうした動きに対して，現場からは大きな不安や懸念が広がっているところであり，水産業や水産物流通がどのように変化していくのか先行きが見通せない状況となっている。

注
（1）漁船漁業，養殖業，内水面漁業を合わせた数値。農林水産省『漁業・養殖業生産統計』より。なお，ピーク時からの漁業生産量減少の最大の要因は，海洋環境の変化による資源変動などを背景としたマイワシ漁獲量の急激な減少

第6章　水産物

によるものである。
（2）同上。
（3）『食料需給表』による数値で，前出の『漁業・養殖業生産統計』の数値とは一致していない。
（4）常清秀「水産物における自給率問題」（廣吉勝治・佐野雅昭編著『ポイント整理で学ぶ水産経済』北斗書房，2008年）190〜191ページ。
（5）矢野泉「水産物」（日本農業市場学会編『食料・農産物の流通と市場Ⅱ』筑波書房，2008年）116ページ。
（6）水産庁『水産白書（概要版）』2006年，13ページ。
（7）佐々木貴文「日本の水産物貿易」（廣吉勝治・佐野雅昭編著『ポイント整理で学ぶ水産経済』北斗書房，2008年）220〜222ページ。
（8）農林水産省『卸売市場データ集』平成27年度版。
（9）廣吉勝治「水産物の市場外流通」（廣吉勝治・佐野雅昭編著『ポイント整理で学ぶ水産経済』北斗書房，2008年）214〜216ページ。
（10）濱田英嗣「新しい鮮魚流通」（八木庸夫編『漁民―その社会と経済―』北斗書房，1992年）295〜297ページ。
（11）増井好男・常清秀「水産物の市場・流通・価格」（滝澤昭義・甲斐諭・細川允史・早川治編『食料・農産物の流通と市場』筑波書房，2003年）140ページ。
（12）廣吉勝治「水産物卸売市場の現状と課題」（日本農業市場学会編『現代卸売市場論』筑波書房，1999年）193〜210ページ。
（13）『漁業センサス』2013年の「魚市場」の数値。本センサスにおける「魚市場」の定義は「漁船により水産物の直接水揚げがあった市場及び漁船の直接水揚げがなくても，陸送により生産地から水産物の搬入を受けて，第1次段階の取引を行った市場」となっている。
（14）中央卸売市場の多くは消費地卸売市場としての機能を期待されているものである。しかし，沿岸部に位置する中央卸売市場では，漁船による水産物の直接水揚げがなされているほか，交通網の整備により沿岸部に位置していない中央卸売市場においても生産者からトラックで出荷され，第1次段階の取引が行われるケースも増えている。これらは産地卸売市場の機能も有している消費地卸売市場ともいえ，産地卸売市場と消費地卸売市場の棲み分けが曖昧になりつつある。
（15）『漁業センサス』の数値と『卸売市場データ集』の数値は必ずしも一致していない。
（16）馬場治「調査研究事業の実施概要と3年間のまとめ」（東京水産振興会『水産物消費流通の構造変革について―平成21年度事業報告―』2010年）8〜9ページ。
（17）馬場治「平成20年度調査研究の実施概要とまとめ」（東京水産振興会『水産物消費流通の構造変革について―平成20年度事業報告―』2009年）8ページ。
（18）佐野雅昭『日本人が知らない漁業の大問題』（新潮社，2015年）100ページ。
（19）総務省『平成26年全国消費実態調査』における2人以上の世帯，全国，金額の割合より。

第Ⅱ部　品目編

(20) 濱田英嗣『生鮮水産物の流通と産地戦略』（成山堂書店，2011年）105ページ。
(21) 同上，77～86ページ。
(22) 馬場治「調査研究事業の実施概要とまとめ」（『水産物消費流通の構造改革について』東京水産振興会，2008年）11ページなど。
(23) 副島久実「広島県福山地区における水産物流通の現状と課題」（『水産物消費流通の構造改革について』東京水産振興会，2008年）81～96ページ，および『漁業経済研究』（2017年1月）など。
(24) 副島久実「雑魚を地域づくりのカギに」（『アクアネット』第18巻第7号，2015年）22～26ページ。
(25) 水産庁『水産白書』（平成19年度版），13～17ページ，および秋谷重男『増補日本人は魚を食べているか』（北斗書房，2007年）。
(26) 水産庁『水産白書』（平成27年度版），24ページ。
(27) 刀禰一幸「魚食普及運動」（廣吉勝治・佐野雅昭編著『ポイント整理で学ぶ水産経済』北斗書房，2008年）200～201ページ。
(28) 水産庁『水産白書』（平成29年度版），79ページ。
(29) 副島久実「新規漁業就業者の確保と定着にむけた工夫―山口県漁協豊浦統括青壮年部のチャレンジ―」（『漁業と漁協』第53巻第6号，2015年）18～21ページ。
(30) 水産庁『水産白書』（平成27年度版），8～9ページ。
(31) 観光庁「訪日外国人消費動向調査」（2015年）。
(32) 婁小波「水産物流通論」（漁業経済学会編『漁業経済研究の成果と展望』成山堂書店，2005年）132ページ。
(33) 小濱一也「Fresh室津の取り組みについて」（『漁業経済研究』第61巻第1号，2017年）99～103ページ，濱田秀樹「新鮮田布施の取り組みについて」（『漁業経済研究』第61巻第1号，2017年）105～109ページなど。
(34) 財団法人東京水産振興会・うみ・ひと・くらしフォーラム・株式会社漁村計画『全国漁村女性グループ活動実態調査報告書』（財団法人東京水産振興会，2011年）。

参考文献
［1］佐野雅昭『日本人が知らない漁業の大問題』（新潮社，2015年）。
［2］濱田英嗣『生鮮水産物の流通と産地戦略』（成山堂書店，2011年）。
［3］廣吉勝治・佐野雅昭編著『ポイント整理で学ぶ水産経済』（北斗書房，2008年）。
［4］秋谷重男『増補日本人は魚を食べているか』（北斗書房，2007年）。
［5］漁業経済学会編『漁業経済研究の成果と展望』（成山堂書店，2005年）。
［6］水産庁『水産白書』。
［7］東京水産振興会『水産物消費流通の構造変革について』（東京水産振興会，2008年，2009年，2010年）。
［8］東京水産振興会『水産物取扱いにおける小売業の動向と現代的特徴』（東京水産振興会，2013年，2014年，2015年）。
［9］漁業経済学会『漁業経済研究』第61巻第1号（2017年1月）。

用語解説 ……………………………………………………………………

200カイリ排他的経済水域
　国連海洋法条約の発効（1994年）に先立ち，1976年以降，世界各国で「200カイリ体制」が導入された。各国の距岸200カイリにわたる水域に対し，経済水域として沿岸国の主権的な権利が認められるもの。

漁業協同組合
　水産業協同組合法に基づいて設立される協同組合で，漁業協同組合，漁業生産組合等がある。このうちもっとも数が多いのは漁業協同組合で，古くから漁業が営まれてきた集落を基盤として設立されたもので，販売事業や購買事業，信用事業などの経済事業と漁業権の管理団体という役割も併せ持つ。

水産基本法
　わが国の水産政策は1963年に制定された沿岸漁業等振興法に示された方向に沿って沿岸漁業等の生産性の向上や漁業者の生活水準の向上等を目的として展開されてきたが，2001年に制定された水産基本法は水産資源の持続的利用の確保と水産業の健全な発展を図ることにより，国民に対する水産物の安定供給をめざすことを目的としており，漁業だけでなく加工・流通を含めた水産業全体および多面的機能や都市漁村交流にも言及する包括的な内容となっている。

水産基本計画
　水産基本計画は，水産基本法に基づき水産に関する施策の総合的かつ計画的な推進を図るため，おおむね5年ごとに見直すこととされている。2017年4月に閣議決定された水産基本計画の主要事項としては，国際競争力のある漁業経営体の育成，魚類・貝類養殖業等への企業の参入，数量管理等による資源管理の充実と沖合漁業等の規制緩和，流通機構の改革等が挙げられており，改革色を強く押し出した内容となっている。

事後学習（さらに学んでみよう，調べてみよう） ………………………………

（1）水産庁のホームページを訪れ，水産白書を読んでみよう。そこから，今の水産の動向と水産施策の傾向をまとめてみよう。
（2）水産物の卸売会社や仲卸会社などのホームページを訪れ，それぞれがどのような自社の強みをPRしているか確認してみよう。そこから，今，卸売会社や仲卸会社に求められている機能とは何かを考えてみよう。
（3）インターネットなどから漁業者や漁協などが行っている加工や販売の取り組みをいくつかピックアップしてみよう。そこにはどのような特徴があるだろうか。またどのようなリスクや問題がありそうか，自分なりに考えてみよう。

［副島久実］

第7章　食肉

....

事前学習（あらかじめ学んでおこう，調べておこう）..............................

（1）一般的に食肉と言っても牛肉，豚肉，鶏肉，羊肉などがあり，それぞれに多様な品種などが見られる。そこで，それぞれの生産・出荷動向，市場枝肉取引価格の推移，家庭内での食肉の消費動向などを，農林水産省大臣官房統計部「畜産物流通統計」や総務省「家計調査年報」等の既存統計から調べよう。
（2）スーパーマーケット等の売場は，現在の消費者のニーズに合わせた商品開発（ステーキ，焼肉，しゃぶしゃぶ・すき焼き用，切り落とし，こま切れ等）と品揃えによる売り場づくりが行われている。総合スーパー，食品スーパー，ディスカウント・ストア，及び専門小売店や百貨店の食肉専門店などの売場を比較して観察しよう。

キーワード..

商品形態の変化（生体，枝肉，部分肉，精肉），育成・肥育一貫経営，インテグレーション（統合），総合食肉メーカー，インストア・マーチャンダイジング戦略

第7章　食肉

1　食肉需給の推移と消費の変化

　わが国では1960年代に入り高度経済成長による所得の増加もあって食生活の向上，とくにタンパク質の摂取増加が推奨された。それに伴い食肉や牛乳乳製品等動物タンパク質の摂取増加によってわが国の畜産業，食肉産業も発展を遂げてきた。ただし，食肉業界では1991年の牛肉の輸入自由化による影響を受け，一方でわが国経済においてはバブル経済期を経て，その後の崩壊による，いわゆる失われた10年，20年ともたとえられるように経済の停滞，低成長が続いて今日に至る。そこで，本章ではまず，これまでの食肉の国内生産，輸入量，消費量の推移の変化から食肉の需給動向をみてみよう。

　牛肉の需要量は，バブル経済以前の1985年には77万4千t（枝肉ベース，以下同様）であったものが，その後も増大傾向で推移したが2000年の155万4千tをピークに減少に転じて，2014年には120万9千tまで減少したが，その後は横ばいか微増で推移し，2017年には123万1千tとなっている（**表7-1**）。一方，国内生産量については，1994年の60万5千tをピークにその後減少と増加を繰り返しながら，2014年には50万2千tとなっている。このことから1990年代後半までの需要量の大幅な増加は，国内生産量の増加よりも

表7-1　食肉需給の推移

(単位：千t，％，kg)

		1975年	1985年	1995年	2005年	2010年	2014年	2017年
牛肉	需要量	415	774	1,526	1,151	1,218	1,209	1,231
	国内生産量	335	556	590	497	512	502	463
	輸入量	91	225	941	654	731	738	752
	自給率	81	72	39	43	42	41	36
	1人1年当たり供給数量	2.5	3.9	7.5	5.6	5.9	5.9	6.3
豚肉	需要量	1,190	1,813	2,095	2,494	2,416	2,441	2,552
	国内生産量	1,023	1,559	1,299	1,242	1,277	1,250	1,277
	輸入量	208	272	772	1,298	1,143	1,216	1,290
	自給率	86	86	62	49	52	51	49
	1人1年当たり供給数量	7.3	9.3	10.3	12.1	11.7	11.9	12.8

資料：農林水産省「食料需給表」。
注：需要量および生産量は枝肉ベース。

輸入牛肉の増加によりつぐなわれてきたといえよう。ただし，2001年9月にわが国でのBSE発生による牛肉消費の減少，さらに，2003年12月にはアメリカでBSE発生により即日輸入停止措置がとられたこともあり，輸入量は減少に転じ2000年代後半には60万t台で推移し，2010年代に入っても70万t台で推移している。このため，国内の自給率は1985年には72％であったものが，その後は低下傾向ないし横ばいで推移し2017年には36％となっている。

次に豚肉の需要量は60年代から70年代と一貫して増加傾向で推移した。ただし，1997年3月の台湾における口蹄疫発生の影響により同年には208万2千tと前年に比べやや減少したが，その後は，前述したようにわが国とアメリカでのBSE発生による牛肉の代替需要もあって，増加ないし横ばい傾向で推移し2017年には255万2千tとなっている。一方，国内生産量の推移をみると，1989年の159万7千tをピークにその後減少傾向ないし横ばいで推移し2017年127万tとなっている。このため，国内自給率も1985年には86％であったものが，その後低下ないし横ばいで推移し2017年には49％となっている。

わが国の消費支出は1992年のバブル経済の崩壊による景気低迷から所得の伸びの鈍化，減少により，消費支出金額では1993年をピークに，食料支出金額でも1992年の9万99円（1世帯1カ月平均）をピークにそれぞれ減少傾向で推移している。この傾向は家庭内での食肉の種類別支出金額（牛肉，豚肉，鶏肉別）を総務省家計調査（全国全世帯1世帯当たり）で比較してみると，

表7-2 食肉消費構成割合の推移

(単位：％)

	牛肉			豚肉		
	家計消費	加工仕向	その他	家計消費	加工仕向	その他
1975年	70	13	17	59	19	22
1985年	56	14	30	46	27	27
1995年	43	8	49	40	31	29
2005年	36	10	54	41	29	30
2010年	34	5	61	46	25	29
2015年	31	5	64	49	24	27

資料：農林水産省生産局畜産部「食肉の消費構成割合」。
注：1）その他は業務用，外食向け等。
　　2）02年に遡及して加工仕向の集計方法を変更していることから，データの連続性に留意。

販売単価の高い牛肉から単価の安い豚肉，鶏肉へと肉類の消費が移行している。さらに，食料消費構成の変化で注目されてきたのが食の外部化が進むとともに利便性・簡便性が求められ，中食の普及も進み，デパートの食品売り場やコンビニエンスストア・スーパーマーケットの惣菜等調理食品売場の拡充がみられることである。そこで，食肉消費構成の変化をみるために，農林水産省畜産部の推計値から，家計消費，加工仕向，その他業務用・外食用等の三つの消費形態に区分して，その変化を表7-2からみると，牛肉消費では家計消費向けの減少，その他業務用・外食用等が増加傾向にあるのに対して，豚肉では家計消費向けの増加により，内食回帰が見られることが注目される。

2 食肉流通過程の特徴と商品形態の変化

食肉流通として問題にされる領域は肉畜生産者によって生産された食肉（畜産物）がさまざまな流通ルートをへて，消費者にわたる全体の過程である[1]。食肉流通とは，食肉が貨幣をなかだちにして，価格をもった商品（食肉）が生産者から消費者までの間に取引され移転するという現象を，広くとらえた言葉である。すなわち，流通は生産と消費のなかだちをするものとして機能している。

そこで，食肉流通における大きな特徴として流通過程の諸機能やそのための流通費用については，一般商品とは異なる独自の問題がみられる。すなわち，生産された生きた肉畜は生体のままでは最終消費には向けることができない。最終消費者に利用してもらうためには，と畜・解体・**部分肉**仕分けなどの流通過程での特殊な加工処理が必要である。そのことは，生産者から消費者にわたるまでに商品（流通客体）の形態が大きく変化してしまうところに食肉の大きな特徴がみられる。肉畜生産者から一般と畜場や食肉卸売市場併設と畜場へ出荷する段階では，生きている商品である牛や豚であることから，一般に「生体」と呼ばれる。つぎに，と畜場である食肉処理場においてと畜・解体され，この段階では頭，四肢，皮などが除かれて，さらに背骨に

そって縦に2分割されて半丸の「枝肉」となる。つぎに，半丸枝肉から骨を除去し，それからロースやばらなどの部位に分割し，余分な脂肪を削って「部分肉」となる。部分肉は調理の用途によりステーキカットやスライスされて「精肉」となる。スーパーマーケットや食肉専門小売店などの小売店で通常販売される商品形態は，通常はこの精肉である。このように，生産された肉畜は最終消費までに最低でも生体から，枝肉，部分肉，精肉の3段階に分けられ，小売段階では多様な商品が作られ販売されている。なお，食肉流通における生体から精肉までの形態別の歩留りについて牛肉を例にみると，生体を100として，一般的には枝肉で57％，部分肉で42％（枝肉を100％として73％），精肉では31％（55％）となる。

つぎに，食肉の持つ商品特性から腐敗が急速に進行するという特徴がみられる。このため，生鮮品としての鮮度と安全性の維持がきわめて重要であることから，殺菌・冷蔵・冷凍などの貯蔵・保管には高度な貯蔵・保管施設が必要となる。また，食肉の輸送において国内では，チルド（冷蔵）状態，海外輸出向けではフローズン（冷凍）状態で輸送するのが一般的であり，これに対応するリーファコンテナ等の輸送機器・機材と輸送手段が必要となる。

3 食肉の流通ルートと流通段階別にみた機能と役割

食肉流通ルートと担い手

食肉の流通過程は生産・出荷段階（**生体流通**），と畜場段階（**枝肉流通**），卸売段階（主に**部分肉流通**），小売段階（**精肉流通**）と複雑な流通過程が形成されているところに大きな特徴がみられる。

そこで，国内産食肉流通ルートと流通の担い手をと畜場段階を中心にみると，3つのルートがみられる（**図7-1**）。一つは生産者，農協連合会，家畜商，食肉加工メーカー等の出荷担い手により，食肉卸売市場併設と畜場でと畜・解体後に食肉卸売市場において枝肉で取引され，食肉問屋（卸売業者），スーパーマーケット等量販店，食肉専門小売店等への供給されるルートである。

第 7 章　食肉

図7-1　食肉流通経路図

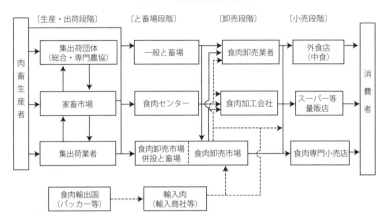

注：1）集出荷業者には，家畜商，飼料会社，食肉加工メーカー，総合商社などが含まれる。
　　2）食肉卸売業者には，食肉問屋，全国農業協同組合連合会（全農）などが含まれる。
　　3）外食店には，大手外食チェーン，一般飲食店，ホテル・旅館，学校・病院などの集団給食などが含まれる。

二つ目は，同様の出荷の担い手が産地**食肉センター**でと畜・解体後に枝肉から部分肉に加工処理後に，主に農協連合会を経てスーパーマーケット，生協等への供給ルート，および食肉加工メーカーへの供給ルートもみられる。三つ目には，生産者，家畜商，産地食肉問屋等が出荷の担い手となり，その他の一般と畜場においてと畜解体後に枝肉から部分肉に加工処理後に消費地問屋，食肉専門小売店，飲食店などの外食等への供給ルートである。

　以下では，肉畜の生産動向と子牛から肥育までの飼養方法，および食肉の流通過程（流通機構）における各流通段階別に主要な流通の担い手の機能と役割，および特徴をみることにしたい。

肉畜飼養頭数と戸数の動向と飼養方法

　わが国の畜産動向について飼養頭数は近年まで増加傾向にあったが，飼養戸数は減少傾向で推移している。畜種別にみると，肉用牛の飼養頭数は2009年の292万3千頭をピークに減少に転じ，2015年には248万9千頭，同期間に飼養戸数は7万7,300戸から5万4,400戸へと減少している。そこで，直近10

年間の2005年と2015年の畜種別飼養頭数増減をみると，和牛等肉専用種は169万7千頭から166万1千頭，同期間にホルスタイン種等は47万700頭から34万5,300頭，交雑種では57万8,500頭から48万2,400頭へと，それぞれ減少している。一方，豚肉について直近の10年間をみると，2004年の飼養頭数は972万4千頭から2014年には953万7千頭への減少，同期間の飼養戸数では2004年の8,880戸から5,270戸へと大きく減少している。

このように，わが国の畜産は飼養戸数の大幅な減少の中，主に少数の大規模畜産農家の担い手による頭数規模拡大によって，近年まで飼養頭数の増大が図られてきたことが特徴である[2]。そこで，肉用に仕向けられる肉牛には，和牛（黒毛和種，短角牛，褐毛和牛，等），乳用牛（乳用めす牛，乳用肥育おす牛），交雑牛（通称F1と呼ばれ，乳牛を母牛，和牛を父牛とした交雑牛）の他に，ヘレフォードやアンガスなどの外国種もみられる。一方，肉豚には肥育豚（去勢豚，未経産豚）の他に繁殖用に用いられた経産豚（母豚）と種雄豚がみられ，これらは大貫物と呼ばれ主にソーセージなどの加工原料に仕向けられる。

次に牛の一生についてみると，和牛の子牛を生産する繁殖農家（雌牛を飼養して子牛を生産する経営）で生産された子牛は5カ月から7カ月齢時に離乳し，その後2カ月から3カ月は牧草や配合飼料を給与して飼育後に子牛市場に出荷・販売する。肥育農家では生後8カ月齢から10カ月（生体重290kg前後）の肥育素牛を導入して，それから約20カ月前後肥育を行い，690kg前後で出荷・販売を行っている。ただし，近年では肥育農家を中心に繁殖経営部門を取り入れて，繁殖・肥育一貫経営に乗り出すところも見受けられる。

また，乳用牛では，乳用種のオス仔牛を生後1週間は母乳で哺育し，その後人工乳と牧草，配合飼料などにより3カ月まで人工哺育が行われ，育成農家では3カ月の子牛を導入し，7カ月齢（生体重270kg）まで育成が行われ出荷・販売される。肥育農家では7カ月齢の育成牛を導入し，その後肥育期間13カ月から15カ月の肥育を行い，生体重760kg前後，19カ月齢から21カ月齢で出荷・販売される。近年では育成期間から肥育期間へのスムーズな飼育

管理により，その後の肥育期間での増体重などを図る観点から育成部門を取り入れて，育成・肥育一貫経営も見受けられる。一方，肉豚では生まれた子豚は，1カ月後に離乳し肥育に仕向けられる。肥育期間は一般的に5カ月から6カ月（生後180日から190日飼育），生体重は105kgから110kg程度に仕上げられる。今日では繁殖と肥育との一貫経営がほとんどを占めている。

　こうして畜産農家で肥育された肉畜は，出荷業者などによりと畜場に出荷され，と畜解体され枝肉となる。肉牛における生体・出荷段階における生産者からと畜場までのルートにおける担い手については，農協連合会と総合・専門農協の農業団体が最も多く，次に集出荷業者（家畜商の他に，食肉会社・総合商社・飼料会社，さらに生産者個人出荷）からの出荷が多い。一方，肉豚の出荷の担い手は，集出荷業者が最も多く，次いで農協連合会と総合・専門農協の農業団体である。肉豚の出荷の担い手の中でも，また肉牛の担い手に比べても食肉会社・飼料会社，総合商社等による出荷割合が高い。その背景には，わが国の養豚経営は土地から離脱して，海外からの飼料穀物に依存した肉豚の生産が行われてきた経緯がある。そのため，畜産経営で飼養する家畜は，各飼料メーカーの飼料に用いる原料配合内容によって，畜種と生育状態が規定されることから，飼料メーカーは，飼養管理技術とともに飼料の流通から畜産の生産過程，さらには畜産物生産後の出荷・販売先までも規定して支配してきたのである。すなわち，肉豚を中心に飼料資本，商社資本，食肉加工資本などは，生産手段である飼料や素畜の供給から生産された肉畜の買い取り，販売までを一貫して行うものであり，このことが**インテグレーション**（統合）といわれるものである[3]。

と畜場段階の担い手としての食肉センターと食肉卸売市場

　農場で生産された肉畜は，集出荷業者等により生体でと畜場に搬送されることになる。と畜場とは，肉畜をと畜解体し枝肉の形態にする施設である。と畜場を形態別にみると，食肉卸売市場に併設されたと畜場，主に畜産の産地に多く設置されている食肉センター，それ以外のその他と畜場となってい

る。その他のと畜場のなかでは、市町村などの一部事務組合や産地食肉問屋などが運営すると場は減少傾向にある中で、食肉加工メーカーなど民間経営が運営すると畜場が多くみられる。わが国のと畜場数は2015年度188カ所であり、その内訳は食肉卸売市場併設と畜場26カ所、食肉センター79カ所、その他と畜場83カ所である。

　と畜場の形態別にみたと畜頭数割合を2015年度でみると、肉牛では食肉卸売市場併設と畜場32.4％、食肉センター50.1％、その他と畜場17.5％である。同様に肉豚では食肉卸売市場併設と畜場17.6％、食肉センター56.9％、その他と畜場25.5％である。そこで肉牛、肉豚ともにと畜頭数は減少傾向で推移している状況下で、2005年と2015年のと畜頭数を比較すると、肉豚ではその他のと畜場で大きく減少している。同様に肉牛では食肉卸売市場併設と畜場とその他のと畜場でのと畜頭数は減少傾向にある。

　このように、と畜段階における食肉センターの地位が高まりを見せている。食肉センターは1960年以降、国の助成により主要産地に設置されてきたと畜場である。今日に至ってもと畜頭数の増加している背景には、と畜解体処理施設、貯蔵保管施設、併設の部分肉加工処理施設を併せもつ機能の高度化が図られてきたことによる。とくに、スーパーマーケット等量販店では、加工処理施設の従業員確保とスペースの関係、および各店舗内での作業効率を高めるためにも食肉処理・加工・整形作業については簡素化の方向にあり、このため加工処理機能をと畜場側に求めてきている。このため、食肉センターでは、取引先ごとのスペックによる規格部分肉など多様な商品形態への受注に対応するための近代的な部分肉加工施設と加工処理技術、および冷蔵保管施設整備などの充実を図り加工処理機能を強化してきたのである。

食肉卸売市場の機能と役割

　つぎに、食肉流通における食肉卸売市場の位置づけについてみてみよう。食肉卸売市場には中央卸売市場と地方卸売市場がみられ、前者は卸売市場法により開設されている中央卸売市場10市場であり、後者は卸売市場法により

開設されている地方卸売市場のうち，「畜産物の価格安定等に関する法律」に基づき指定されている17市場がみられる。食肉卸売市場における取引成立頭数について，近年で最も多い1989年と2015年で比較すると，肉豚では約361万頭から約283万頭へと減少しているが，近年ではほぼ横ばい傾向で推移している。一方，牛肉では同期間に53万6千頭から35万8千頭へと大きく減少傾向で推移している。これを同期間の，中央と地方卸売市場合計の取扱金額ベースでみても6,627億円から4,266億円へと大きく減少している。枝肉取扱い頭数の減少に伴い市場卸売会社の経営は厳しいところが多いと言われている。

　これまで食肉卸売市場に求められてきた機能と役割については，第1に集分荷機能，第2に価格形成機能，第3に代金決済機能，第4に情報処理機能である。これらの機能の中でも第1の集分荷機能は消費・需要に対応した多様な肉畜別の規格品を集荷・品揃えし，入荷量を確保することである。第2の価格形成機能としては，公正な取引によって実現した市場取引価格が生産と消費に波及力をもち，と畜段階，卸売段階，小売段階のそれぞれの段階での取引における指標価格となるプライスリーダーとしての機能を果たすことが食肉卸売市場の基本的な機能である。

　ただし，先に述べたように市場取引頭数の減少により市場卸売会社は厳しい経営状況にあるところが多くみられる。その要因としては，先にみたようにと畜頭数の減少に現れているとおりであり，生体での集荷の減少，さらには輸入牛肉や国産牛肉・豚肉の部分肉での取扱いの減少もあり，全体として集荷力が弱体化してきていることである。その背景には，先に指摘したように食肉センターの機能強化，さらには食肉加工メーカーによる産地への進出強化による。とくに，食肉センターや食肉加工メーカーなどが産地側でと畜解体が進展したことによって輸送コストの低減ととともに，枝肉・部分肉での輸送技術の向上と冷蔵・冷凍保管，貯蔵技術の向上，交通・通信などのネットワークの整備が図られた。さらに近年，海外への輸出拡大に伴うアメリカやEUなどの輸出先国の認定処理加工施設のためのと畜場の整備による安

全・衛生向上が図られたことなども産地側でのと畜・解体を増大させ,食肉卸売市場経由率の低下と食肉卸売市場の機能の弱体化をもたらす要因となっている[4]。

　こうした流通の変化に対応するために市場卸売会社の中には,近年以下のような対応強化策を図ってきている。第1に地元の他に県外からは各県の担当者を配置し集荷力の強化を図ることにより,多様な産地ブランドの肉畜を集荷し上場を図る方向性を強めてきたことである。また,第2にと畜解体ラインを新設し,さらに高度な衛生管理を行う衛生設備の導入やISOシステムの採用などにより,安全・安心で高鮮度・品質の食肉を上場可能とした。こうした安全・安心で各産地のブランド食肉の上場を図ることにより,第3に買参人の開設区域規定をなくして各消費地の買参人の増加を図った。こうした取組により,需要と供給に見合った市場価格形成が図られ,産地出荷者からの信頼性も高まる効果を上げている。さらに,市場利用者の利便性のために部分肉冷蔵施設と事務所を兼用した施設の建設を行っている。こうした取組強化により集荷頭数の増加と市場取引価格においても他市場より高値取引等の効果も見られる。

食肉卸売業者としての食肉加工メーカーの機能と役割

　わが国の食肉流通の主要な担い手となった食肉加工メーカーは,戦後の高度経済成長期の発展段階に加工原料の安定確保の観点から産地進出を図り,直営牧場,と畜場・部分肉加工施設等の開設,さらに販売ルートの開拓を図るために全国に営業所網を開設することにより,全国の系列食肉専門小売店への販売ルートを構築した。その後,それまでの食肉加工品販売のみから,部分肉の製造販売を行うことにより,生肉市場への進出を果たした。これを契機に大手食肉加工メーカーを中心に食肉流通における主要な担い手として,ハム・ソーセージ等の加工品の他に,生肉の部分肉製造・卸売販売までを行うミートパッカー（総合食肉メーカー）へと機能と役割が変化したのである[5]。

　近年,食肉加工メーカーが,わが国における食肉流通の主要な担い手とし

ての地位を高めてきている背景には，輸入食肉の取扱い増大があげられる。輸入豚肉は増加傾向にある中で，当初加工原料としての利用から次第にテーブルミートとして利用割合が高まりを見せている。また，1991年4月から牛肉の輸入自由化に移行したことから，大手食肉加工メーカーでは，アメリカやオーストラリアなどの輸出国において開発輸入を目的に食肉処理工場，フィードロット・牧場の買収により，飼育から肉牛処理加工までの一貫体制を整備するための直接投資を行って，日本への輸出・供給体制を構築してきた。また，大手食肉加工メーカーの中には，国内においても生産から消費地スーパーマーケット等までのインテグレーション構築を図っている。系列子会社では，生産段階での預託農家に対して素牛の導入，配合飼料の設計と飼料会社への生産依頼，肥育飼養管理の指導，と畜解体を担う系列グループ子会社へのと畜場向け出荷計画の作成等の作業を行っている。と畜解体を担う系列子会社においては，と畜，解体処理後に部分肉加工までの一貫体制での業務を行っている。系列グループ子会社の中には，冷蔵倉庫業務を担う物流センターでの一時貯蔵保管，スーパーマーケットの各店舗，配送センター，外食店等へ日々の配送業務を担っているものもある。こうした国内のみならず海外での生産から流通・販売までのサプライチェーンを構築することにより，食肉産業における総合食肉メーカーとしてさらなる機能と役割を高めている。

スーパーの食肉流通機能と商品政策

　食肉小売業者の機能としては，従来の多くみられた仕入形態である枝肉の脱骨作業を行い部分肉の形態に加工処理し，近年の仕入形態で多くなった部分肉での仕入とともに，さらに小割し，硬い筋や余分な脂肪を取り除く筋引き・整形作業を行い，それぞれの小割した部位ごとにすき焼き用，しゃぶしゃぶ用などのスライス，およびステーキカットや厚切り焼肉用などの小売用商品づくりを行うことである。

　わが国の小売段階において多様な業態の小売業が見られる中で，従来の食肉専門小売店の地位が大きく低下し，それに代わりスーパーマーケット等量

販店のシェア拡大が著しい。そこで，スーパーマーケットの仕入形態からみてみよう。スーパーマーケットにおける仕入形態は圧倒的に部分肉での仕入が多く，その場合でもフルセットでの仕入方法，および必要とするパーツの部分肉での仕入方法が見られる。大手食品スーパーでは，牛肉，豚肉とも主要な取扱いブランド肉は，フルセットでの仕入方法を採用している。その背景には，産地生産・出荷者側との取引において安定した仕入量と品質のものを一定価格（年間取引）で安定仕入確保を図るためである。ただし，季節的な需要増加の部位については，輸入食肉を含めてパーツでの仕入で対応を行っている。いずれにしても部分肉での仕入が圧倒的に多い中で，近年ますます自社規格（スペック）での小割部分肉での仕入を強めてきている。こうした背景には，店舗内での加工処理施設・貯蔵保管施設のスペースの確保が難しくなってきていること，および加工処理する熟練の職人の確保が困難であること，さらにコスト高となるためである。こうした状況下で食品スーパーの中には，豚肉は作業効率を優先して考えるためプロセスセンターで通常商品のパック包装加工を行い，一方，牛肉についてはフルセットの仕入の中で多様な部位に見合う商品づくりを行う必要があるためインストアーで包装加工を行っている。

　最後に，スーパーマーケットにおける最も重要となる商品政策・商品づくりについてみてみよう。スーパーマーケットの中には，商品政策について，顧客情報をもとに来店顧客層をいくつかに分類し，例えば子育て有職主婦顧客層では，子育て，仕事，調理等家事などがあり，多くの時間がかけられないため，簡便化志向の味付け商品・簡単調理品など，それぞれの顧客層向けの商品づくりを行っている。商品政策において近年とみに充実を図ってきているのが食肉加工品などのプライベート商品（PB商品）である。来店客を増やすためにも他社にはないオリジナリティーのPB商品の開発と特徴を訴求し販売促進活動を図る動きを加速させている。ただし，NB商品についても売り場における商品の配置やPOPなどを利用した訴求の仕方などを含めて，売り上げ拡大が図られている。とくに商品政策においては，顧客の年齢

層に合わせて、シニア層には自身の健康のための商品、30代から40代のニューファミリー層の子育て世代には、子どものための安全・安心などの商品開発と提供を重視して取組みを強化している。インストア・マーチャンダイジング戦略においては、先の商品開発に合致する食肉の仕入方法と仕入先の開拓・確保と共に、顧客にアピールするPB商品を含めた新たな商品開発による「品揃えの充実」と「売場づくり」、および店頭での「販売促進活動」を積極的に行って、顧客に訴求を図ることが重要である。

注
（1）吉田寛一他編『畜産物の消費と流通機構』（農山漁村文化協会、1963年）43ページ。
（2）安部新一「畜産を取り巻く環境変化と産地の課題」（橋本卓彌他編著『食と農の経済学』ミネルヴァ書房、2004年）151ページ。
（3）前掲、安部新一「畜産を取り巻く環境変化と産地の課題」151～156ページ。
（4）従来からの食肉卸売市場の機能の弱体化の背景と要因については、安部新一「食肉卸売市場の現状と課題」（日本農業市場学会編『現代卸売市場論』筑波書房、1999年）213ページを参照。
（5）食肉加工メーカーの発展過程とわが国の食肉加工メーカーの特質については、安部新一「輸入原料に傾斜する食肉加工産業」（吉田忠・今村奈良臣・松浦利明編『食糧・農業の関連産業』農山漁村文化協会、1990年）173～188ページを参照。

参考文献
［1］宮崎宏編著『国際化と日本畜産の進路』（家の光協会、1993年）。
［2］新山陽子『牛肉のフードシステム』（日本経済評論社、2001年）。
［3］農政ジャーナリストの会『日本農業の動き174　口蹄疫この一年、畜産再建と危機管理』（農林統計協会、2011年）。
［4］安部新一「畜産物の流通システム」藤島廣二・安部新一・宮部和幸・岩崎邦彦著『新版　食料・農産物流通論』（筑波書房、2012年）。
［5］独立行政法人農畜産業振興機構『畜産の情報』月刊。
［6］社団法人食肉協議会『食肉四季報』季刊。

第Ⅱ部　品目編

用語解説 ……………………………………………………………………………

部分肉
　枝肉（carcass）から脱骨・分割作業を行い，脂肪と腎臓を取り除き部分肉となる。牛部分肉は通常13部位に分割され，ノーマルスタイル（カット）と呼ばれる。豚部分肉は通常 6 部位に分割される。近年ではスーパーマーケット等からの要望により，牛部分肉では40前後まで小割分割した部分肉（スペシャルカットなどと呼ばれる）がみられる。加工された牛部分肉は部位ごとに真空包装されて段ボール（これをボックスミートと呼ばれる）などに詰められ消費地の取引先に出荷される。

インテグレーション
　インテグレーションとは固定的・閉鎖的な契約取引方法である。具体的な例として，畜産農家とのインテグレーションでは，飼料，素畜，薬品は飼料メーカーや食肉加工メーカー等のインテグレーター側が供給し，契約畜産農家は土地と畜舎，労働力を提供し労賃部分を受け取る方式がみられ，肉畜の所有権はインテグレーター側にある。

食肉センター
　と畜場（abattoirs）の一形態である食肉センターは，1960年代以降に国の助成により一般的に肉畜生産地に近いところに設置された食肉処理施設のうち，と畜場設備を有するものであり，部分肉加工処理施設を併設しているところが多い。それは，食肉センターにおいて肉畜のと畜解体，および枝肉の分割・整形による部分肉の製造までを一貫して加工処理を行うことにより，より安全・安心を含めた鮮度・品質の維持向上を図るためである。

生体流通・枝肉流通・部分肉流通・精肉流通
　本文でも指摘したが，食肉流通が他の野菜，果実，水産物の生鮮食料品流通と大きく異なるところは，生産され出荷してから，消費者が購入するスライスやステーキカットにカットされた精肉へと，流通過程で全く異なった形態になることである。生産者が肥育し，と畜場へ出荷するまでが生体流通である。と畜場でと畜・解体され，背骨の真ん中で 2 分割したものが枝肉であり，食肉卸売市場でのセリ取引は枝肉形態での取引が一般的であり，仲卸業者，食肉小売業者，食肉加工メーカー等が買い手として仕入れており，この段階が枝肉流通である。ただし，産地食肉センターでは，生産者から生体，または枝肉形態で買い取り後に，部分肉に加工して消費地に出荷しており，この段階が部分肉流通である。さらに，スーパーマーケット等では，自社のプロセスセンター等で仕入れた部分肉を，さらに小割整形してスライスやステーキカット等をパック包装して，スーパーマーケットの店舗へ配送し，店頭で陳列・販売されており，この段階が精肉流通である。

第7章　食肉

事後学習（さらに学んでみよう，調べてみよう）　……………………………

（1）従来，食肉の流通経路は複雑で分からない例えとして流通の暗黒大陸といわれてきた。そこで，牛肉，豚肉，鶏肉など食肉別に生産者からと畜場，食肉卸売業者，小売業者や外食企業までの各流通ルートと流通の担い手別に機能と役割についてさらに考察してみよう。

（2）他の農水産物と同様に海外からの食肉輸入は増加している。そこで，スーパーマーケットやレストラン等外食企業がなぜ輸入食肉を取扱い，販売しているのかその背景と理由について調べてみよう。

（3）スーパーマーケット等量販店の店舗を対象に，店舗の立地とともに，各店の顧客層の違いを調べ，さらに，こうした顧客層を対象とした店舗内での食肉及び食肉加工品など食肉関係の売場スペース，さらに牛肉，豚肉，鶏肉，食肉加工品などの売り場構成とそれぞれの食肉別の等級・品質・グレード別の取り扱い状況の特徴につき，どのような違いがあるのかさらに深く店頭観察を実施してみよう。

［安部新一］

第8章　牛乳・乳製品

事前学習（あらかじめ学んでおこう，調べておこう）

（1）Jミルク作成の「牛乳乳製品の知識」(http://www.j-milk.jp/findnew/chapter1/index.html，2018年10月時点）を読み，酪農や牛乳・乳製品の基礎的な知識を調べておこう。
（2）農林水産省ホームページの「牛乳乳製品統計」，「畜産統計」（ともにダウンロード可）から，1990年以降の生乳生産，牛乳・乳製品生産，酪農家戸数の推移を確認しておこう。
（3）スーパーやコンビニの店頭で販売されている牛乳・乳製品の種類やブランド名称を確認してみよう。特に，表示欄の「製品別名称」に注目してみよう。

キーワード

需給調整，加工原料乳補給金制度，指定生乳生産者団体，農協共販，国家貿易

1 牛乳・乳製品の商品特性

牛乳・乳製品の多様性

　乳牛など乳用家畜から搾乳されて未加工の状態の乳汁を，生乳（せいにゅう）という。この生乳を原料として，牛乳・乳製品が製造されている。

　図8-1は，牛乳・乳製品の種類と製造工程である。日本では，厚生労働省の乳等省令（乳及び乳製品の成分規格等に関する省令）で，牛乳・乳製品の成分規格が定められており，基本的には同省令に従って図示した。農林水産省の統計区分では，**図8-1**の左側5品目を「牛乳等」，残りの品目を「乳製品」としている[1]。

　牛乳・乳製品の大きな特徴はその多様性である。生乳から，殺菌・乳脂肪均質化・乳酸菌発酵・遠心分離・タンパク質凝固・濃縮・乾燥・錬圧・熟成といった製造工程を経て，風味や形状，保存性，消費用途がそれぞれ異なる

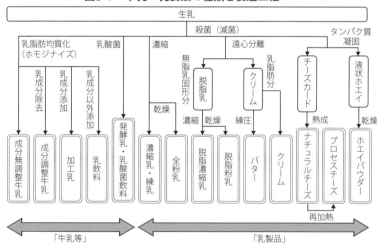

図8-1　牛乳・乳製品の種類と製造工程

資料：日本乳業協会のホームページ掲載資料の一部を筆者修正。
注：上記の「牛乳等」「乳製品」は農林水産省の統計上の区分である。

牛乳・乳製品が製造される。

　大まかに言えば，牛乳等は液状で直接飲用向けが多く，乳製品は固形状で他の製品原料として用いられることが多い。牛乳等は保存性が低く，製造からおおむね1カ月間以内に消費される必要があるのに対して，バター・脱脂粉乳・一部のナチュラルチーズは数カ月間以上の高い保存性を持つ。

生産と消費の特性

　雌牛は仔牛を分娩することで泌乳する。仔牛が誕生して成長，妊娠・分娩して泌乳が開始されるまで，約2年間の期間を要する。また，いったん泌乳が開始されれば搾乳量を人為的に調節できない。上記のような乳牛の生理に規定されて，生乳生産量を需要に合わせて自在に調節するのは難しい。

　さらに，生乳生産量は季節によって変動する。日本の乳牛の大半を占めるホルスタイン種は暑さに弱いため，7月から10月は生産量が少なく，逆に春先の4月から6月は生産量が多くなる。最も少ない時期の生産量は，最も多い時期と比べて約1割少ない。

　生乳生産量とは真逆の季節変動を示すのが，日本の生乳需要の半分程度を占める成分無調整牛乳などの牛乳等の需要である。これらは気温の高い6月から9月の需要が多く，冬場の需要は少ない。冬場の需要は，夏場と比較して約1割少なくなっている。

　まとめると，夏場は生乳供給が減る一方で需要は増加し，逆に冬場は供給が増える一方で需要は減少する。つまり，夏場は生乳が不足し，冬場は生乳が余ることになる。

流通・加工段階における需給調整

　生乳は中長期的な需要と供給の変動による需給ギャップだけではなく，前述のように季節変動による需給ギャップが必ず生じる。さらに，気温や天候，特売の有無によって大口需要者であるスーパーからの牛乳発注量も日々変動するため，需給ギャップへの対応はほぼ毎日求められる。

第8章　牛乳・乳製品

　しかし，生乳生産量の需要に応じた調整は先にみたように困難である。また，生乳は保存性が低いため，酪農家段階で貯蔵して調整することもできない。

　よって，生乳の需給調整は，通常，生乳の流通段階，ならびに加工段階で行われている。具体的には，流通段階では，農協など生乳生産者団体による飲用向け・乳製品向けといった生乳の用途間分配による調整や，北海道と都府県との間の生乳の移出入による調整，加工段階では貯蔵可能な脱脂粉乳・バターの製造量による調整である（過剰時の増産，不足時の減産）。

　日本では，生産される生乳の約7割が牛乳やクリームなど保存性の低い牛乳・乳製品に仕向けられている。チーズ・脱脂粉乳・バター中心の欧米諸国と比較して，日本では需給調整の役割はとくに重要である。

2　牛乳・乳製品に関する政策・制度

加工原料乳生産者補給金制度と指定生乳生産者団体制度

　加工原料乳生産者補給金制度（補給金制度）は，日本で最も重要な酪農政策である。同制度の目的は牛乳・乳製品の安定供給と酪農経営の再生産である。主な政策手段は，酪農家への補給金交付と，後述する乳製品の国家貿易制度から構成される。同制度の根拠法は，長らく1966年度施行の加工原料乳生産者補給金等暫定措置法（通称，不足払い法）であったが，2018年度の大幅な制度改定で不足払い法は廃止され，同制度の内容は畜産経営安定法へ移管された[2]。

　補給金の交付要件は，大きくは以下の2つであった。

　第1に，脱脂粉乳・バター等[3]，ナチュラルチーズ向け，生クリーム等向け（クリーム・脱脂濃縮乳・濃縮乳）[4]，すなわち乳製品向けに処理される生乳（これらを「加工原料乳」と言う）を生産する酪農家であることである。これら乳製品向け生乳価格（乳価）が生乳生産費を下回ることが交付の理由である。

109

補給金は，2018年度より補給金本体と，広域的に集送乳を行う事業者（農協など）に生乳を出荷する生産者を対象に交付される「集送乳調整金」から構成される（以前は区別なし）。2018年度単価は，乳製品向け生乳1kg当たりでそれぞれ8円23銭，2円43銭で，合計10円66銭である。補給金単価は，乳製品向け乳価と生乳生産費との差額をベースに設定されたうえで，単価は生乳生産費などの変動に対応して毎年度，増減するしくみとなっている。

第2の要件は，**「指定生乳生産者団体」**（以下，指定団体）に生乳を出荷する酪農家であることである（＝指定生乳生産者団体制度）。指定団体は，特定地域内の生乳生産者団体（農協など）のうち，法律によって1団体のみ指定される団体である。

酪農家は指定団体に出荷しないと補給金を受け取れないため，指定団体制度には指定団体の生乳販売シェアを高める効果がある。指定団体に生乳販売を集中させて，集送乳の合理化，円滑な需給調整，価格交渉力の強化を図るのが，指定団体制度を創設した政府の意図であった。

ところが，2016年から議論の開始された生乳流通制度改革により，2018年度から指定団体制度は廃止された。農林水産省の定める一定要件を満たせば，生乳の出荷先に関係なく補給金が交付されることになった。政府による制度改革の意図は，生乳出荷先の選択肢拡大や生乳販売に関わる競争促進である。今後は，指定団体中心の生乳流通が変化していく可能性がある[5]。

乳製品の関税構造と国家貿易制度

1995年度に発効したWTO協定によって，乳製品の輸入数量制限は撤廃され，関税を負担すれば自由に輸入できる体制へ移行した。日本の乳製品関税は，国内酪農への影響が大きい特定の少数品目には非常に高い関税を課す一方で，その他の多くの品目については低税・無税とする構造となっている。さらに，高関税品目については，国が輸入管理を行う国家貿易制度が補給金制度の枠組みの中で設けられている。

補給金交付対象である脱脂粉乳，バターの関税率は，それぞれ21.3％＋

396円/kg, 29.8%＋985円/kgである。2015年度平均輸入価格（CIF）換算で，実質関税率はそれぞれ138%, 139%であり，実質的に輸入できない水準である。

一方，すでに輸入量の多いナチュラルチーズの関税率は29.8%と低い。また，ナチュラルチーズ（プロセスチーズ原料用），無糖ココア調製品（粉乳調製品），調製食用脂（バター調製品），脱脂粉乳などを対象に用途を限定した関税割当制度が設定されている。一定の関税割当数量内であれば，無税，ないし35%以下の低税率での輸入が可能である[6]。

国家貿易制度の対象品目は，バター，脱脂粉乳，ホエイ・調製ホエイなどである。輸入が行われるのは，国内で乳製品が不足して価格高騰が起きた場合（「追加輸入」）と，WTO協定における「国際約束」に基づく場合（**カレントアクセス**，生乳換算で約13.7万t/年）に限定され，輸入品目や輸入数量・時期は農林水産省が判断する。乳製品の買い入れ・売り渡しの実務は農畜産業振興機構が担当し，輸入価格に25%〜35%の関税率で買い入れ，関税相当量の一部である「マークアップ」を上乗せして，国内市場へ売り渡している。

3 牛乳・乳製品の需給動向

緩和基調から逼迫基調へ

図8-2に生乳需給の推移を示した。牛乳乳製品の国内総需要を意味する「国内消費仕向量」は，1960年度の200万t強から，1990年代半ばには6倍弱の約1,200万tに到達した後，横ばい傾向となった。

これに対する供給の動向をみると，「飲用向け生乳生産量」は1960年代から直線的に増加し，1990年代半ばには500万tに達した。しかし，それ以降は牛乳消費減少を受けて減少に転じ，2016年度にはピーク時から約100万t減の398万tとなった。「乳製品向け生乳生産量」は，飲用向けよりは緩やかに増加し，1990年代半ば以降は340万t前後で停滞している。飲用向けと異なって，乳製品向け生産量に上下動が生じている理由は，飲用向けで需要量に応じた

第Ⅱ部　品目編

図8-2　生乳需給の推移

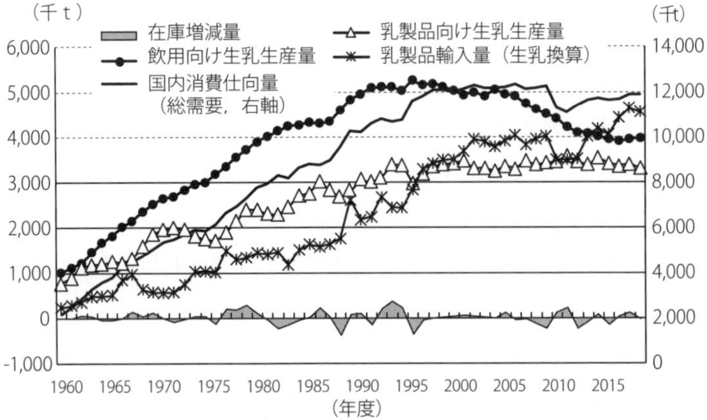

凡例：在庫増減量、乳製品向け生乳生産量、飲用向け生乳生産量、乳製品輸入量（生乳換算）、国内消費仕向量（総需要，右軸）

資料：農林水産省「食料需給表」より作成。

供給が行われる結果，乳製品向けで需給調整が行われるからである。乳製品向けの変動が在庫増減量に対応していることがわかる（1990年代以前）。

1990年代はバター，2000年代前半は脱脂粉乳の過剰在庫が問題となり，需給は緩和基調で推移してきた。ところが，2000年代半ば以降は逼迫基調に転じている。それ以前の在庫減少は在庫増加に対応した意識的な供給抑制の結果だが，2000年代半ば以降は意図しない供給減少・停滞によって在庫減少が生じており，従来にはない事態といえる。

バター不足の発生

最近における牛乳・乳製品の需給面で最も重大な事案は，バター不足の発生である。需要に応じられない乳業メーカーによる供給制限，スーパーでの欠品発生・販売個数制限，原料バターが入手できない中小の製菓・パン業者の混乱など，社会的に大きな影響をもたらした。

表8-1は，2005年度から10年間のバター需給の動向である。バターは，洋菓子需要の多い年末に向けて最も需要量が多くなる。年末の最需要期を控えた10月末時点の推定在庫量から「在庫指数」を算出した（算出方法は**表8-1**の注を参照）。この指数が100以下の場合，在庫量が直後（2.5カ月分）の需

第8章 牛乳・乳製品

表8-1 バター需給の動向

単位：t（在庫指数除く）

年度	生産量	輸入量	推定出回り量	推定在庫量(10月末)	在庫指数
2005	85,467	4,519	84,709	30,768	150
2006	78,001	3,782	89,657	26,747	130
2007	75,058	12,279	91,119	18,795	90
2008	71,898	14,841	78,053	21,922	113
2009	81,972	116	77,602	32,932	177
2010	70,119	1,817	83,888	27,325	150
2011	63,071	13,758	78,351	20,645	111
2012	70,118	9,558	75,291	21,263	116
2013	64,302	3,655	74,110	21,458	118
2014	61,652	13,226	74,362	15,372	85
2015	66,295	13,131	75,210	23,518	130

資料：農畜産業振興機構（ALIC）ホームページより作成。
注：10月末時点の在庫量を，10月末直後の推定出回り量（需要量）2.5ヶ月分（11月＋12月＋1月×0.5）の直近3カ年平均で割った場合の指数表示である（数値は農畜産業振興機構ホームページより）。バター在庫量を直後の需要量2.5ヶ月分を基準として評価する考え方は，Jミルク「乳製品の適正在庫水準について」（2002年12月20日，第10回需給専門部会）の資料に基づく。

要量を下回るため，不足が深刻な状態といえる。市場におけるバターの不足感は2007年から強弱はあれ継続していたが，在庫指数によると2007年度と2014年度に100を割り込んでおり，これらの時期にとくに深刻だったとわかる。

不足の要因は，基本的には，生乳生産量の減少（本章第4節参照）を受けたバター生産量の減少である。この間の不足を受け，国家貿易制度によるバター輸入が実施されてきたが，結果として輸入量が十分ではなかった年度もあり，同制度への批判も起きている[7]。また，不足がつづいたため，バターから代替品の輸入調製品や植物性油脂へ需要シフトが生じ，バター需要（「推定出回り量」）そのものが減少するという事態を招いている。

輸入の増加と性格変化

図8-2のように，乳製品輸入量は1960年代以降増加をつづけてきたが，1990年代前半を境として動向に変化がみられる。

1980年代以前は，乳製品向け生乳生産量が増えれば輸入量が減り，同・生産量が減れば輸入量が増えるという関係性がある。これは，国家貿易制度によって，国内の需給状況に応じて輸入がコントロールされてきたためである（過剰時は輸入抑制，不足時は輸入増加）。輸入は，国内需給を補完する性格

を有していたといえる。

しかし，1990年代以降は上記の関係性は明瞭でなくなり，輸入量は傾向的に増加をつづけている。図8-3に，2016年度の乳製品輸入量の内訳（生乳換算数量）を示した。輸入全体の68.5％をナチュラルチーズ（311.8万t）が占め，無糖ココア調製品・粉乳調製品・調製食用脂といった乳製品調製品で2割弱である。これらは，いずれも関税割当設定品目である。一方，バター等・脱脂粉乳・ホエイといった国家貿易品目は全体の1割弱にすぎない。

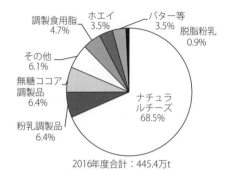

図8-3　2016年度の輸入乳製品の内訳（生乳換算数量）

資料：財務省「貿易統計」，生乳換算値は農林水産省牛乳乳製品課の推計。
注：食用に限る。

1990年代以降，最も輸入が増加したのはナチュラルチーズである（約100万t増）。チーズ需要の増加，円高による輸入価格の低下，WTO協定による関税割当数量の拡大が増加要因と指摘できる。基本的に国内需要に応じた輸入の増加と思われ，1980年代以前と比較して輸入の性格は変化したといえる。

今後，環太平洋連携協定（TPP）や日本EU経済連携協定といった貿易自由化による，高関税品目の関税撤廃・削減が，国内需給に大きな影響を及ぼす可能性がある。

4　生乳の流通・取引と生産構造

生乳の流通チャネル

図8-4は，商流ベースの生乳流通チャネルである。指定団体制度に基づく旧・指定生乳生産者団体（旧・指定団体，本章第2節参照）を経由するチャネルと，それ以外のチャネルの大きく2つに区分できる[8]。2017年度の生乳生

第8章 牛乳・乳製品

図8-4 生乳の流通チャネル（商流ベース）

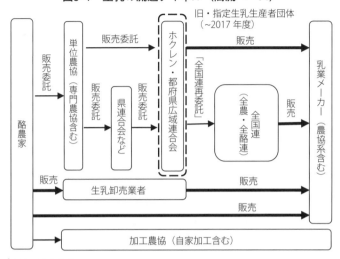

資料：筆者作成。
注：所有権が移転する売買関係は太線，販売委託関係は細線としている。

産量に対する指定団体受託乳量の比率は95.8％であり（「牛乳乳製品統計」，中央酪農会議資料），指定団体が圧倒的な販売シェアをもつ。新制度がスタートした2018年度に入っても，旧・指定団体のシェアに今のところ大きな変化はない。

　旧・指定団体チャネルは，販売委託を通じた農協共販による流通である。旧・指定団体は，北海道の場合は農協経済連であるホクレン，都府県の場合は生乳販売に特化した広域農協連合会となっている。酪農家・単位農協・県連合会などから販売委託を受けた旧・指定団体が乳業メーカーとの取引交渉，生乳販売を行う。北海道から都府県への生乳移出のように，旧・指定団体の事業地域を超えて販売する場合などは「全国連再委託」が行われる。また，各旧・指定団体は，需要予測に基づく生産目標数量に沿った生産を実施する**計画生産**を1979年度から実施している。

　旧・指定団体以外のチャネルは，都市近郊で牛乳製造・販売を行う加工農協が主流であるが，近年では，酪農家から直接買い取りを実施する生乳卸売

115

会社が取扱量を拡大し，注目を集めている。

生乳の取引制度

　旧・指定団体と乳業メーカーとの間では，同質の生乳でありながら，その生乳が仕向けられる牛乳・乳製品の用途によって価格・分配方法といった取引条件を区別する**用途別取引**が行われている。飲用乳向けは乳価が高く，需要に応じて優先的に分配されるのに対し，乳製品向けは乳価が飲用乳向けより安く，とくに脱脂粉乳・バター向けは飲用乳向けなどその他の用途の残余が分配される需給調整用途の位置づけである。

　旧・指定団体と乳業メーカーの間で年度末に行われる乳価交渉で翌年度乳価が決定され，各年度1年間は同一の乳価が適用される。乳価水準は，生乳生産費や酪農家所得，牛乳・乳製品の需給動向などを参考に決定される。

　旧・指定団体は各酪農家に対して，乳業メーカーから受け取る用途別乳価の加重平均（平均価格）から平均化された共販経費（共同計算）を控除した，同一のプール乳価で支払いを行う[9]。

生乳生産量の停滞と生産構造

　図8-5は生乳生産量の推移である。生乳生産量は1990年代半ばに860万tのピークに到達した後は減少に転じ，2017年度現在で131万t減の729万tである。地域別の内訳をみると，1990年代は北海道の増産で都府県の減少分を一定カバーしていたが，2000年代に入ると北海道の生産が停滞したため，都府県の減少が全国生産量の減少に直結している。

　2000年代以降の生産減少・停滞の要因には，飼料・生産資材の高騰による酪農経営の悪化，労働力不足・高齢化・将来的な市場環境（飼料価格・酪農政策など）の不透明さによる投資の抑制などが挙げられる[10]。

　酪農家戸数の推移を1995年→2005年→2015年で確認すると，北海道では25.8％減（95→05年），24.3％減（05→15年）の結果，2015年で6,680戸，都府県では42.0％減（95→05年），41.4％減（05→15年）の結果，2015年で

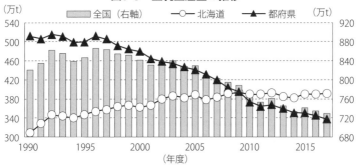

図8-5　生乳生産量の推移

資料：農林水産省「牛乳乳製品統計」より作成。

11,000戸である（農林水産省「畜産統計」）。ただ，戸数減少の一方で，1戸あたり経産牛飼養頭数は，北海道では40（95年）→55（05年）→69頭／戸（15年），都府県（以下，年次同じ）では23→30→37頭／戸と，経営規模の拡大は進んでいる。2014年度推定値によると，経産牛飼養頭数規模「100頭以上」層の生乳出荷量シェアは，北海道で4割以上，都府県でも3割程度に達しており，大規模層への集中度が高まっている[11]。

生乳生産費は，都府県より北海道の方が低い。理由は，経営規模が大きく，草地・飼料畑を一定確保して相対的に購入飼料への依存度が小さいためである。2014年現在，実搾乳量1kg当たり「全算入生産費」は北海道79.2円，都府県95.2円で，16円の差がある（農林水産省「畜産物生産費」）。その結果，都府県産生乳の大半が乳価の高い飲用乳（牛乳等）向け，北海道産生乳の8割程度が乳製品向けで処理されている（農林水産省「牛乳乳製品統計」，都府県への移出分も含む）。

5　牛乳・乳製品の消費と生産

牛乳・乳製品の消費動向

牛乳・乳製品の国民1人・1日当たり供給熱量は，1960年度の36.0kcalから，1990年代半ばの160kcal程度へと4倍強まで増加し，それ以降はほぼ横ばい

表8-2 牛乳・乳製品の国民1人・1日当たり供給純食料

単位：g

年度	飲用向け	乳製品向け	バター	脱脂粉乳	チーズ
1960	29.3	28.7	0.4	1.2	0.1
1965	50.5	48.6	0.7	2.2	0.5
1970	69.3	64.8	1.1	2.2	1.1
1975	76.9	67.7	1.4	2.7	1.4
1980	92.9	84.9	1.6	3.3	1.9
1985	96.5	95.8	1.9	4.2	2.2
1990	111.7	115.3	1.9	4.5	3.1
1995	111.0	137.6	2.0	5.0	4.1
2000	106.9	150.8	1.8	4.2	5.2
2005	100.6	150.5	1.8	4.1	5.3
2010	87.0	149.2	1.8	3.5	5.2
2015	84.0	164.4	1.6	2.9	6.5

資料：農林水産省「食料需給表」より作成。
注：1）飲用向けと乳製品向けは生乳換算量，乳製品は製品重量である。
　　2）純食料は，人間の消費に直接利用可能な食料の形態の数量を示す。

である（農林水産省「食料需給表」）。2016年度の供給熱量は160.1kcalで，肉類の供給熱量183.5kcalには及ばないが，それに近い熱量を供給する。供給熱量合計に占める牛乳・乳製品の比率は2000年代以降，6％台で推移している。

表8-2は，牛乳・乳製品の国民1人・1日当たり供給純食料の推移である。1990年代以降，飲用向けは減少し，2015年度現在でピーク時の7割水準である。乳製品向けは2000年代に入ると横ばいとなったが，飲用向けと異なり減少傾向ではない。バターは1980年代，脱脂粉乳は1990年代に横ばいとなり，近年では減少している。一方，チーズは2000年代に入って増加が止まったが，ここ5年間で再び増加傾向に転じた。

牛乳・乳製品の生産動向

牛乳・乳製品の生産量の推移を示したのが，**図8-6**である。

まず，牛乳等では，1990年代と比較して，牛乳は100万kl，加工乳・成分調整牛乳は30〜35万klほど減少した。前述の飲用向け供給量と対応した動きである。ただし，牛乳生産量は，ここ5年間では下げ止まりの傾向もみられ

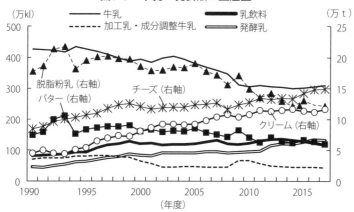

図8-6　牛乳・乳製品の生産量

資料：農林水産省「牛乳乳製品統計」，Jミルクホームページ(発酵乳)より作成。
注：1）発酵乳のみ年次，Jミルクによる推計値。
　　2）チーズは，プロセスチーズと直接消費用ナチュラルチーズ（プロセスチーズ原料を除く）の合計。

る。乳飲料・発酵乳（ヨーグルト）は増加傾向が継続しており，とくに発酵乳は2010年代に入って生産がさらに増えている。茶系・清涼飲料との競合や高齢化などで牛乳消費は縮小する一方，機能性食品の性格を有する発酵乳の消費は堅調である。

　脱脂粉乳とバターは，生乳需給の影響を受けて他の乳製品より生産量の変動が大きい。生産量の傾向としては，脱脂粉乳とバターはともに減少であり，とくに脱脂粉乳の減少が大きい。それに対して，チーズとクリームの生産量は拡大をつづけている。1990年度と比較して，2017年度の生産量は，チーズで1.8倍，クリームで2.6倍となった。

　牛乳等と異なって，乳製品は一般消費者に直接消費されることは少なく，他の製品原料として消費されている。表8-3は2015年度における乳製品の用途別消費量である。小売業を通じて直接消費されない業務用比率をみると，77.9％～100.0％と非常に高い。注目すべきは，近年，生産量が増加していると先ほど検討した発酵乳や乳飲料の原料として，乳製品が使用されている点である。「はっ酵乳・乳酸菌飲料」原料として脱脂粉乳の48.5％・生クリー

表 8-3 乳製品の用途別消費量（2015 年度）

	脱脂粉乳	バター	生クリーム	脱脂濃縮乳
1位	はっ酵乳・乳酸菌飲料 48.5%	菓子・デザート類 34.3%	アイスクリーム類 22.5%	はっ酵乳・乳酸菌飲料 56.7%
2位	その他 24.7%	小売業 22.1%	菓子・デザート類 20.3%	乳飲料 23.9%
3位	乳飲料 17.3%	外食・ホテル業 11.4%	はっ酵乳・乳酸菌飲料 14.9%	アイスクリーム類 11.7%
4位	アイスクリーム類 9.5%	パン類 8.2%	外食・ホテル業 14.1%	加工乳 4.1%
消費量合計	136,200t	75,200t	113,100kl	293,700kl
業務用比率	99.3%	77.9%	95.8%	100.0%
社内消費比率	33.3%	9.2%	25.5%	79.2%

資料：農畜産業振興機構「乳製品流通実態調査報告書」より作成。
注：1）業務用比率は，小売業以外での消費比率。
　　2）社内消費比率は，乳製品を生産した乳業メーカーが自社で原料として消費する比率。
　　3）上記数値は主要メーカーのみであり，生産の全量を捕捉していない。

ムの14.9％・脱脂濃縮乳の56.7％，「乳飲料」原料として脱脂粉乳の17.3％・脱脂濃縮乳の23.9％が消費されている。

　1990年代半ば以降，北海道の指定団体であるホクレンは，脱脂粉乳・バターの過剰在庫対策と貿易自由化対策のため，脱脂粉乳・バター等向けから，生クリーム・脱脂濃縮乳用途の生クリーム等向けへの用途転換を実施してきた。それに一部の大手乳業メーカーが積極的に対応し，発酵乳・乳飲料の原料として自社で製造する生クリームと脱脂濃縮乳を使ってきた[12]。その結果，2017年度現在では，北海道では生クリーム等向け生乳が100万tを超え，ホクレン全体の約3割を占めるに至っている。

　大手乳業メーカーを中心に，牛乳主体から，発酵乳・乳飲料・チーズ主体の販売構造へと転換が進みつつある。消費減少に加えて，加工度が低く差別化が困難で価格競争に陥りやすい牛乳に対して，発酵乳・乳飲料・チーズの消費は堅調であり，牛乳と比較して相対的に加工度が高く差別化の余地が残されている。販売構造の転換に合わせて，乳業メーカーは，上述のように生乳調達行動を変化させてきた。とくに，乳製品向け生乳の調達が可能な北海道へ及ぼした影響は大きい。牛乳・乳製品の輸入が一定制限されているため，乳業は国内原料への依存度が食品製造業では高い。酪農と乳業，具体的に言

えば，旧・指定団体と乳業メーカーとは協調的にも見える関係性を形成しつつ，互いに展開してきたといえる。

しかしながら，乳製品関税の撤廃・削減による輸入増加や，旧・指定団体を経由しない生乳流通の増加は，こういった相互依存性や協調的な産業間関係を今後，大きく変容させる可能性をはらんでいる。

注
（1）乳等省令では，乳飲料・発酵乳・乳酸菌飲料は乳製品と定義されるが，これら3品目は製造工程や流通形態が成分無調整牛乳などと類似しているため，農林水産省の統計では成分無調整牛乳などと同じ「牛乳等」に区分されている。
（2）2018年度の補給金制度改革の詳細は矢坂［7］を参照。
（3）練乳類，全粉乳，加糖粉乳，脱脂乳（子牛哺育用）も含む。
（4）脱脂粉乳・バター等向け生乳は一貫して補給金交付対象であるが，チーズ向けおよび生クリーム等向け生乳は異なる。チーズ向けは1966～1986年度，ならびに2014年度以降，生クリーム等向けは2017年度以降に交付対象となった。
（5）補給金・指定団体制度改革の詳細は矢坂［7］を参照。
（6）関税割当数量内の輸入品に課される関税率を「一次関税率」，割当数量を超える輸入品に課される関税率を「二次関税率」という。二次関税率を高く設定すれば，割当数量内に輸入量を抑制できる。
（7）山下［6］は，バター不足を事例に国家貿易制度をはじめとする現行の酪農政策を批判している。
（8）2017年度までは，指定団体と酪農家との契約（実際には，酪農家と指定団体との間には単協などが介在）は，生産した生乳を全て出荷する全量委託が基本であった。よって，酪農家は，旧・指定団体チャネルとそれ以外のチャネルを同時利用することはできなかった。しかし，2018年度に施行された畜産経営安定法では，農林水産省令で定められた一定条件の下で，部分委託，すなわち，酪農家が旧・指定団体に出荷しつつ，同時に別のチャネルで生乳販売を行うことが容認された。補給金交付対象の拡大と同様に，酪農家の販売選択肢拡大と生乳販売に関わる競争促進が狙いである。
（9）ただし，乳質や乳成分による乳価の格差は存在する。
（10）中央酪農会議「平成26年度酪農全国基礎調査結果報告書」，2015年3月，70～71ページ。
（11）前掲資料181，198ページ。
（12）清水池［4］82～84ページ，104～111ページを参照。

参考文献

[1] 小林宏至「牛乳過剰下の市場問題」(滝澤昭義・細川允史編著『流通再編と食料・農産物市場』筑波書房,2000年)195～218ページ。

[2] 中原准一「牛乳における価格政策の改編と所得政策」(村田武・三島徳三編著『農政転換と価格・所得政策』筑波書房,2000年)229～256ページ。

[3] 並木健二『生乳共販体制再編に向けて―不足払い法制下の共販事業と需給調整の研究―』(デーリィマン社,2006年)。

[4] 清水池義治『増補版　生乳流通と乳業―原料乳市場構造の変化メカニズム―』(デーリィマン社,2015年)。

[5] 畜産経営経済研究会・小林信一編著『日本を救う農地の畜産的利用―TPPと日本畜産の進路』(農林統計出版,2014年)。

[6] 山下一仁『バターが買えない不都合な真実』(幻冬舎,2016年)。

[7] 矢坂雅充「生乳流通問題とは何か―規制改革会議の議論を超えて―」『農業と経済』第82巻第9号,2016年9月,8～19ページ。

[8] 矢坂雅充「牛乳における農協共販の課題と提携条件」(土井時久・斎藤修編著『フードシステムの構造変化と農漁業』農林統計協会,2001年)213～233ページ。

用語解説 ･･･

加工原料乳生産者補給金制度

　　1966年度施行の加工原料乳生産者補給金等暫定措置法による制度であったが,2017年度で同法は廃止され,根拠法は畜産経営安定法となった。牛乳・乳製品の安定供給と酪農経営の再生産を目的とし,酪農家への補給金交付事業と国家貿易制度などから構成される。当初の制度では乳製品市場への介入を通じた乳価・乳製品価格支持を行っていたが,WTO協定に基づく2001年度改定で価格支持は廃止され,固定的単価の補給金を交付する現行制度となった。

指定生乳生産者団体

　　加工原料乳生産者補給金等暫定措置法に基づいて指定される生乳生産者団体。特定地域内の生産者団体のうち,1団体のみが指定される。1990年代以前は都道府県ごとに1団体が指定されていたが,現在では北海道と沖縄以外では広域合併が進み,全国で10団体である。指定団体は,北海道では農協経済連(JA系),それ以外の地域では県連合会(JA系・専門農協系の双方を含む)などによる広域連合会が担っている。2018年度の制度改定で指定団体制度は廃止された。

カレントアクセス(乳製品)

　　WTO協定に基づく乳製品輸入の国際約束。同協定による輸入数量制限措置の撤廃・関税化によって,輸入量が減少しないよう,基準期間の平均輸入量に基づく輸入割当枠を設定する。国家貿易品目のバター・脱脂粉乳・ホエイなどを

対象とした年間割当枠は，生乳換算数量で約13.7万tである。輸入品目や数量の決定は，輸入国側の裁量が認められている。輸入割当枠の設定は義務だが，輸入自体は義務ではないとされる。

計画生産
　補給金制度に基づく需給調整が1970年代末に破綻したことを受けて，1979年度から開始された指定団体による生乳の生産調整。法制度には基づかない生産者による自主的な取り組みという位置づけである。需要予測に基づいて中央酪農会議が生産目標数量を設定，全国の指定団体に配分され，さらに連合会，単協，生産者単位まで配分される。過去，数度行われた減産型計画生産が酪農経営に及ぼした影響は多大であった。

用途別取引
　酪農の場合，同質の生乳でありながら，仕向けられる牛乳・乳製品の用途によって価格・分配方法といった取引条件を区別する取引方式。経済学的には「差別価格」（一物多価）の一種である。販売側の価格支配力と用途間転用の防止が差別価格の成立条件だが，日本酪農の場合，それらの条件が国の制度によって実質的に担保されてきたといえる。

事後学習（さらに学んでみよう，調べてみよう）

（1）生乳を乳業メーカーに直接販売する酪農家が少ない理由を，生乳と米との違いを意識しながら，考えてみよう。
（2）牛乳の消費頻度は，中学生で最も高く，逆に20代から40代で最も低く，50代以降で次第に高くなる。また，30代から50代では，女性は男性より消費頻度が高い。この理由について，牛乳を飲む理由や飲む状況を想像しながら，また茶系飲料や清涼飲料水との違いを意識しながら，考えてみよう。
（3）近年，日本ではバター不足が時折発生している。生乳生産を増やして国内のバター生産量を増やすべきか，あるいは関税を引き下げてバターを輸入するべきか，どちらが消費者の立場として望ましいかを考えてみよう。

［清水池義治］

第9章　花き

事前学習（あらかじめ学んでおこう，調べておこう）

（1）切花生産と鉢物・花壇苗生産とでは経営形態や出荷・販売方法などが大きく異なるため，これらの点について調べておこう。
（2）花きの主要部門である切花，鉢物，花壇苗の生産動向について調べておこう。
（3）切花の輸入動向について調べておこう。

キーワード

　切花類，鉢物類，花壇用苗物類，卸売市場，湿式流通

1　花きの商品特性と消費・小売の特徴

花きの商品特性

　花きとは「鑑賞を目的として栽培される植物」のことを指しており，その出荷・利用形態によって**切花類**（以下，切花とする），**鉢物類**（以下，鉢物とする），**花壇用苗物類**（以下，花壇苗とする），花木類，球根類，芝・地被植物類に区分される。農林水産省『2015年農林業センサス』によると，わが国における販売目的の花きの作付実経営体数は54,830戸であり，総農業経営体数の4.0％を占める。また，2015年の花き産出額は農業総産出額の4.3％に相当する3,801億円であり，形態別にみると，切花：2,182億円（花き産出額の57％），鉢物：959億円（同25％），花壇苗：302億円（同8％），花木類：226億円（同6％），芝・地被植物類：105億円（同3％），球根類：27億円（同1％）となっている。以下では花きの中でも産出額が大きく，消費者が日常購入することの多い切花，鉢物，花壇苗を中心にみていくことにしたい。

　消費財としての花きの特徴は観賞用として消費され，嗜好品的な性格が強いことである。また，花きは植物体の全部あるいは大部分が商品となり，花の色やボリューム，咲き方だけでなく，茎や葉の色や形，草姿のバランスなど外観全体の美しさが重要であり，しかも一定期間の鑑賞に堪えうることが必要である。このような美意識は消費者によってさまざまであり，嗜好品的性格の強さゆえに新奇性が好まれるだけでなく，消費者の好みは色彩やファッションの流行などにも大きく影響される。これらの結果，花きは商品アイテム数が膨大となるだけでなく，品目・品種の選定や栽培技術の違いによって販売価格が大きく異なるという特性をもっている。

花き消費の特徴と動向

　花き需要の特徴は用途別に形成されていることであり，概ね次のとおり大別できる。切花については，①冠婚葬祭や催事・イベント会場の装飾，店舗

の生け込みなどに使われる業務用，②家庭内の装飾や仏壇，神棚，墓などに供えられる家庭用，③生け花教室やフラワーデザイン教室において稽古・講習に使用される稽古用，④法人や個人によってギフトやプレゼントとして利用される贈答用の4つである。鉢物については，①家庭内の装飾に用いられる家庭用，②貸鉢などに利用される業務用，③法人や個人によってギフトやプレゼントとして利用される贈答用の3種類である。花壇苗については，①一般家庭の庭やベランダの装飾に用いられる家庭用，②公共緑化やイベントに利用される公共用の2つである。

旧来，わが国における切花の需要は宗教儀礼との関連が深く，古くは葬儀用の供花および仏壇や墓に供える仏花が大半を占めていた。その後，経済の発展と社会の成熟とともに，結婚式やイベント会場等を装飾する業務用の需要が増加する一方で，各種の文化行事や祝祭日との関連が深い贈答用の需要も増えた。その結果，正月，彼岸，盆，クリスマス，「母の日」などのいわゆる**物日**に消費が集中するようになっている。また，可処分所得の増加にともない，一般家庭において普段の日に室内を飾るホームユースの需要も増大した。さらに，鉢物・花壇苗の需要も生活に潤いと安らぎを求める機運の高まりとともに，順調に拡大し，とりわけ花壇苗は1980年代以降，ガーデニングの普及・定着を背景として著しい伸びを示した。

ところが，バブル経済の崩壊によって業務用の切花や鉢物の需要が減少し，財政難から公共用の花壇苗需要も低迷している。さらに，家庭用の需要も1990年代末をピークに減少傾向に転じている。

このように，嗜好品的性格の強い花きの消費は，経済動向に左右されやすいという特徴を有している。

花き小売の特徴と動向

花き小売の特徴は専門小売業者が重要な役割を果たしてきたことである。経済産業省『商業統計表』によると，花き専門小売業の店舗数と年間販売額は1990年代までほぼ一貫して増加し，1999年には店舗数28,667店，年間販売

額9,018億円に達した。しかし，2000年以降は減少傾向となり，2014年現在，店舗数は15,633店，年間販売額は4,233億円となっている。花き専門小売業の中にはホテルや百貨店を中心にチェーン展開し，業務用や贈答用といった高級品を主体として多額の販売額を誇る業者がみられる。とはいえ，全体としては生業的性格の強い零細な小売業者が圧倒的に多く，2014年における1店舗当たりの年間販売額は2,682万円（野菜小売業：6,289万円，果実小売業：3,510万円）にすぎない。

このように，花き専門小売業者の売上げが低迷する一方で，量販店が小売シェアを拡大している。切花についてはホームユースの増大に対応して1980年代以降に多くのスーパーが取扱を開始し，ラッピング済みの簡易な花束，いわゆる「パック花」の販売を展開している。一方，鉢物・花壇苗については1980年代以降，ホームセンターや専門量販店であるガーデンセンター（園芸センター）が小売シェアを拡大し，現在ではこれら量販店が主流となっている（表9-1）。

表9-1 購入先別月間1世帯（2人以上世帯）当たり切花および園芸品等の購入金額

(単位：円, %)

		切花			園芸品・同用品			園芸用植物
		1994年	2009年	2014年	1994年	2009年	2014年	2014年
実数	一般小売店	537	299	244	299	217		125
	スーパー・ホームセンター	95	171	166	118	142		75
	ディスカウントストア・専門量販店	8	21	19	75	229		75
	百貨店	16	11	7	15	6		3
	生協・購買	14	16	15	40	39		17
	通信販売	2	6	4	10	11		15
	コンビニエンスストア	2	2	3	2	1		1
	その他	86	72	91	95	80		50
	計	760	604	554	652	743		365
構成比	一般小売店	70.7	49.5	44.0	45.9	29.2		34.2
	スーパー・ホームセンター	12.5	28.3	30.0	18.1	19.1		20.5
	ディスカウントストア・専門量販店	1.1	3.5	3.4	11.5	30.8		20.5
	百貨店	2.1	1.8	1.3	2.3	0.8		0.8
	生協・購買	1.8	2.6	2.7	6.1	5.2		4.7
	通信販売	0.3	1.0	0.7	1.5	1.5		4.1
	コンビニエンスストア	0.3	0.3	0.5	0.3	0.1		0.3
	その他	11.3	11.9	16.4	14.6	10.8		13.7
	計	100.0	100.0	100.0	100.0	100.0		100.0

資料：総務省統計局『全国消費実態調査報告』（各年版）により作成。
注：「園芸品・同用品」には鉢物，花壇苗等の園芸用植物のほか，園芸用資材等を含む。

第Ⅱ部　品目編

図9-1　花きの小売価格形成

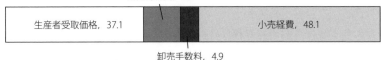

資料：農林水産省「花きの現状について」（2016年）により作成。
原資料：「平成21年度花き産業の流通コストに関する調査」（農林水産省委託事業）。
注：1）小売業者が卸売業者から仕入れた場合の試算であり，小売価格を100とする。
　　2）生産者選別荷造労働費は生産者受取価格に含める。

ところで，**図9-1**は花きの小売価格形成について農林水産省が試算したものであるが，これによると，小売価格のうち小売経費が48.1％と半分近くを占めている。これはとくに切花において花束加工等に資材費や技術料がかかるだけでなく，鮮度の劣化が早く，商品ロスが多いことなどによるものと考えられる。

2　花き流通の動向と特徴

花き流通の特徴

　花きは生鮮農産物の中でもとりわけ品目・品種数が多く，しかも規格化が困難である上に，鮮度が非常に重視される。さらに，多数の出荷者によって供給が担われているとともに，多数の小売店によって消費者に販売されている。そのため，多種多様な品目・品種を豊富に品揃えし，多数の小売店などへ迅速な分配を行い，需給と品質を反映した迅速かつ公正な価格形成を行うことができる卸売市場が非常に重要な役割を果たしており，市場流通が主流となっている。しかも，青果物や水産物では近年，市場経由率が大幅に低下しているが，**図9-2**に示すとおり花きでは8割前後を維持し続けている点は注目される。
　とはいえ，卸売市場の取扱金額は花き需要の動向に大きく左右されるため，

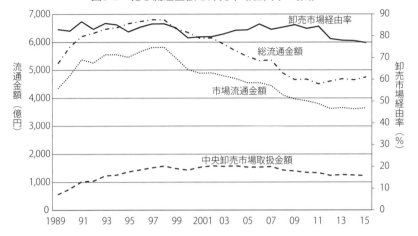

図9-2 花き流通金額と卸売市場経由率の推移

資料：農林水産省『卸売市場データ集』（各年版）により作成。
注：市場経由率＝市場流通金額／総流通金額×100。

ピークの1998年には5,819億円に達したが，その後は減少傾向で推移しており，2015年現在では3,647億円にまで落ち込んでいる（前掲図9-2）。

湿式低温流通の取組

わが国の切花流通では流通過程において水分補給ができない横詰めのダンボール箱での流通，いわゆる乾式流通が一般的である。これに対して，世界的な流通拠点であるオランダをはじめ，諸外国では専用のバケット（バケツ）を用いて切り口を水に浸して縦詰め方式で輸送する，いわゆる**湿式流通**が主流である。湿式流通では，①専用の容器や台車を必要とするため，初期投資が必要であること，②積み重ねが困難であるため，輸送経費が増大すること，③給水により開花が進むため，生産者は切り前や前処理に注意を払うとともに，流通段階では低温輸送を実施する必要があることなど，導入に当たっては留意すべき点が多くある。しかし，適切な処理さえ行えば，鮮度保持面では湿式流通が優れている場合が多い。そのため，わが国においても切花産地

表 9-2 切花の湿式低温流通の推移

(単位:千本, %)

			計		バラ		カスミソウ		トルコギキョウ		その他	
		年度	数量	比率	数量	比率	数量	比率	数量	比率	数量	比率
湿式低温流通		2002	106,194	2.0	60,006	13.8	NA	NA	NA	NA	46,189	0.9
		2003	142,944	2.7	69,237	16.7	26,978	33.4	11,668	9.7	35,060	0.7
		2004	214,968	4.2	122,868	30.2	31,217	43.9	17,315	14.8	43,568	1.0
		2005	247,527	4.9	139,117	35.6	28,948	42.8	22,045	18.9	57,357	1.3
		2006	315,733	6.4	148,529	40.0	36,254	53.9	31,633	27.1	99,317	2.3
		2007	332,780	6.9	166,813	46.9	31,695	53.1	37,198	31.7	97,074	2.3
		2008	373,753	7.9	164,288	47.3	33,389	55.0	52,140	46.8	123,936	2.9
	バケット流通再利用可能な	2002	56,486	1.0	34,573	7.9	NA	NA	NA	NA	21,914	0.4
		2003	75,458	1.4	39,363	9.5	4,678	5.8	4,515	3.8	26,902	0.6
		2004	96,690	1.9	51,280	12.6	9,011	12.7	6,112	5.2	30,287	0.7
		2005	109,841	2.2	59,289	15.2	9,603	14.2	6,351	5.4	34,598	0.8
		2006	137,366	2.8	64,933	17.5	9,476	14.1	9,102	7.8	53,855	1.2
		2007	135,895	2.8	67,141	18.9	8,848	14.8	11,069	9.4	48,837	1.1
		2008	138,679	2.9	65,332	18.8	8,027	13.2	11,593	10.4	53,727	1.3

資料:農林水産省「切り花の湿式低温流通実績」(2010年1月)により作成。
原資料:農林水産省「花き生産出荷統計」および日本花き卸売市場協会の調べ。
注:「比率」は湿式低温流通による出荷数量/総出荷数量×100

の市場対応や消費拡大策として,湿式流通が注目されるようになっている。2008年度に湿式低温流通により出荷された切花は3.7億本で,総出荷量の8%を占める程度であるが,鮮度保持効果の高いバラやカスミソウではそれぞれ47%,55%に達している点は注目される(**表9-2**)。

ところで,湿式流通の導入当初は容器の流れは産地から消費地への一方向でしかなかったが,2001年から卸売市場を中心にバケットを回収して再利用する広域流通システムが構築されている。再利用方式によるバケット流通は廃ダンボールの処理が不要であり,省資源化に役立つだけでなく,生産・出荷段階では梱包の手間が省け,卸売段階では品物が一目瞭然であるため,品質評価がしやすく,小売段階では店頭での水揚げ・切り戻しが不要であるなど流通の合理化・省力化にも寄与する。近年ではコストの上昇と回収率の問題などで伸び悩んでいるとみられるが,2017年6月現在,バケットの再利用システムに参加している卸売業者は全国で52業者となっている。

日持ち保証販売の取組

　湿式低温流通の普及とも相まって，近年では消費拡大策として，日持ち保証販売の取組が注目されている。日持ち保証販売とは小売店が切花の観賞日数を保証して販売するものであり，もし保証期間内にしおれてしまった場合，購入者が購入時のレシートと現物を小売店に持参すれば，同等品と取り換えるという販売方法である。日持ち保証販売は欧米では定着しているが，わが国では2000年代初頭から試験販売が実施されてきたものの，本格実施には至らなかった。そこで，農林水産省は2010年から日持ち保証販売の実証事業を実施し，その成果等に基づき，民間団体2組織が切花の日持ちに関する認証制度を始めたが，2018年度からは切花の日持ちのよさを保証する新しい日本農林規格（JAS）制度が始まっている。これは①栽培，②採花，③水揚げと前処理，④作業場，⑤採花から出荷前，⑥出荷時における管理方法の基準を定め，これを守った商品を「日持ち生産管理切り花」として国が認証する制度である。

3　花き卸売市場の特徴と動向

花き卸売市場の動向

　花きは1923年に制定された中央卸売市場法の対象とされず，1971年に制定された卸売市場法と1973年の同法施行令の一部改定によって，新たに取扱品目として指定されるとともに，計画的な市場整備の対象となった。これを受けて，既存の卸売市場や問屋の統合整備が図られ，中央卸売市場に花き部が設置されるなど，花き流通の近代化が進められた。しかし，**表9-3**に示すとおり3大都市においては市場の統合整備が遅れ，それが本格的に実施されるようになるのは1980年代末以降である。しかも，東京都の整備市場は中央卸売市場であるものの，大阪府や愛知県のそれは地方卸売市場である。その結果，青果物や水産物のように，大規模市場＝中央卸売市場とはいえない状況

表 9-3 卸売市場法制定以降における主要な花き卸売市場の整備動向

年次	中央卸売市場	地方卸売市場
1973 年	仙台市 〈2〉(93)、横浜市南部 〈2〉(18)*	
1974 年	川崎市南部 〈1〉(17)*、福井市 〈1〉(8) 神戸市東部 〈1〉(31)、佐世保市 〈1〉(8)*	
1980 年		札幌花き 〈3〉(84)
1981 年	広島市 〈1〉(82)、松山市 〈1〉(16)*	
1982 年	川崎市北部 〈1〉(36)、岡山市 〈1〉(42)*	
1985 年	高松市 〈1〉(19)	
1987 年	いわき市 〈1〉(7)*、富山市 〈1〉(11)*	
1988 年	青森市 〈1〉(10)、東京都北足立 〈1〉(93)	
1989 年	釧路市 〈1〉(6)*	
1990 年	東京都大田 〈2〉(495)	
1991 年	秋田市 〈1〉(21)	
1993 年	東京都板橋 〈1〉(72)	大阪泉大津花き 〈1〉(74)
1994 年	八戸市 〈1〉(13)	大阪鶴見花き 〈2〉(276)
1995 年	東京都葛西 〈1〉(81)、宮崎市 〈1〉(23)*	
1996 年		愛知豊明花き 〈1〉(135)
1997 年	沖縄県 〈2〉(33)	
2001 年	東京都世田谷 〈2〉(127)	
2003 年	福島市 〈1〉(17)*	
2004 年		京都市花き 〈2〉(74)
2007 年	新潟市 〈1〉(33)	
2010 年		愛知名港花き 〈1〉(97)

資料：農林水産省資料および日本農業新聞 2015 年 6 月 9 日付「2014 年花き卸売上高」、各市場年報等により作成。
注：1）〈　〉内は卸売業者数、（　）内は 2014 年の花き取扱金額（単位：億円）、*印は 2016 年 4 月までに地方卸売市場に転換した市場を示す。
　　2）「地方卸売市場」は大都市の主要市場のみを記載。

となっている。またその一方で，中央卸売市場とはいえ，年間取扱金額が10億円にも満たない市場もあるなど，卸売市場間の規模格差は大きい。

さらに，各卸売市場の取扱金額をみると，花きの消費が減少する中で，大都市の大規模市場では横ばいないしは微減傾向で推移している市場が多いが，地方都市の市場や取扱規模の小さい市場では大幅に減少する傾向がみられ，市場間の規模格差は拡大している。

ところで，従来の花き卸売市場では規模の零細性などから仲卸部門が未発達であることを特徴としてきたが，整備市場には仲卸制度が導入されている。しかしその一方で，各市場とも旧市場の売買参加者すべてに売買参加権を与えたため，零細な小売店と大口需要者，仲卸業者が同じ条件でセリに参加す

る，いわゆる「オール買参人制度」となっている。その結果，卸売市場における花きの仲卸業者経由率は2割程度にとどまっており，仲卸業者に期待される分荷機能や価格形成機能などが十分に発揮されているとはいえない状況である。

花き需給の変化と卸売市場

　花きの供給についてみると，土が付着した植物は輸入が禁止されていることから，鉢物・花壇苗については輸入はほとんどみられないが，切花については1980年代後半以降の円高を背景に輸入が本格化し，2016年現在，国内供給量の26％（数量ベース）を輸入が占めるようになっている。

　国内産地における切花の出荷・販売行動をみると，農協共販が一般的となっているが，大量に出荷すると価格の暴落を招く恐れがあるため，各農協とも多数の卸売市場に出荷してきた。しかし，農協の広域合併によって出荷先市場数が過多となったこと，卸売単価が低迷する中で輸送経費を低減する必要に迫られたことなどから，出荷先市場を集約する農協が多くなっている。一方，輸入についてみると，青果物では大半が市場外流通となっているが，切花では市場流通が主流であり，輸入商社は国産品の隙間をねらって地方の小規模市場を含む非常に多くの卸売市場へ出荷してきた。しかし，近年では切花輸入の収益性が低下していることから，輸入切花に対する評価が高い卸売市場への出荷の絞り込みを実施したり，小売業者や花束加工業者などへの直接販売を志向したりしている。

　また，鉢物・花壇苗については出荷規格を統一して共販を行う産地はほとんどみられないが，1980～90年代にかけては企業的な大規模経営の台頭，共同輸送や卸売業者による巡回集荷の実施などにより，地方都市の卸売市場でも直接集荷の割合が高まった。しかし，その後は輸送経費の低減などを目的として，安定した価格で取引できる大規模市場に出荷先を集約する動きがみられるようになっている。

　これらの結果，地方都市の卸売市場や規模の小さい卸売業者は集荷力が低

133

下している。

　ところで，前述のとおり花きの小売については花き専門量販店であるガーデンセンターやホームセンター，スーパーなどの量販店が小売シェアを高めている。なかでも鉢物・花壇苗では量販店がすでに小売の主流となっており，これらは定価格の鉢物や花壇苗の大量仕入を必要とするようになっている。また，「パック花」を加工し，量販店に納入する花束加工業者も定価格の切花を大量に必要とする。そのため，量販店や花束加工業者はそれに対応できる大規模市場からの仕入を重視している。その一方で，生業的な花き小売店の売上が低迷しているが，それは大都市よりも地方都市においてより顕著である。これらのことが大規模市場への取扱の集中と小規模市場の低迷に拍車をかけているのである。

卸売市場における取引の変化

　従来，花きは外観の重要性や規格統一の困難性などから，セリ取引の割合が非常に高いことを特徴としていた。そこで，整備市場ではきわめて商品アイテム数が多い花きのセリ取引に長時間を要することが予想されたため，機械セリ方式を導入することによってこれに対応した。機械セリシステムでは効率的にセリが実施できるだけでなく，取引の公開性がきわめて高く，しかも売買参加権さえ取得すれば，誰でも容易にセリに参加できることから，仕入規模や経験年数などに関係なく，公平に取引ができるようになった。

　ところが，図9-3に示すとおり1990年代以降，相対取引の比率が高まり，セリ取引の比率が低下している。その背景には，切花部門における農協共販の進展と鉢物・花壇苗部門における企業的な大規模経営の増加にともなって，信頼性の高い規格品の出荷が増大したことにより，現物セリの必要性が低下するとともに，予約型の取引が可能になったことがある。これにともなって，花き専門小売店は顧客から注文のあった業務用や贈答用の切花，鉢物を確実に調達するために，予約型の取引を利用するようになっている。さらに，量販店や花束加工業者が卸売業者や仲卸業者に対して計画的かつ安定価格での

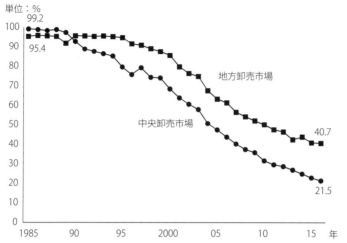

図9-3 花き卸売市場におけるセリ・入札取引比率の推移（金額ベース）

資料：農林水産省『卸売市場の現状と課題』（各年版）および同『卸売市場データ集』（各年版）により作成。

取引を要請しており，これに対応するために相対取引を積極的に活用している。相対取引の増大は，供給サイドにおける計画的な生産・出荷と需要サイドにおける計画的な仕入の実現ならびに取引価格の安定に寄与する一方で，花き卸売市場における価格形成を不透明なものにしている。

　このような状況の下で，最近では大規模市場を中心に，売買参加者が店舗や自宅に居ながらにしてセリに参加できる「在宅セリ」を導入する動きがみられる。これが定着すれば，小売店の利便性が向上するだけでなく，相対取引のような不透明感が払拭される。しかも，需給を反映した相場が形成され，地域による卸売価格の格差も縮小する可能性が高い。しかしその一方で，大規模市場の販売力がますます強くなり，小規模市場の取扱が減少して市場間格差が拡大することや仲卸業者の経由率がさらに低下し，仲卸業者の経営が悪化することが懸念される。

参考文献

［１］内藤重之『流通再編と花き卸売市場』（農林統計協会，2001年）。
［２］辻和良『切り花流通再編と産地の展開』（筑波書房，2001年）。
［３］大谷弘『花き卸売市場の展開構造』（農林統計協会，2006年）。
［４］今西英雄・福井博一・内藤重之・柴田道夫・土井元章・宇田明・田中孝幸・西川照子『日本の花卉園芸　光と影　歴史・文化・産業』（ミネルヴァ書房，2016年）。

用語解説

切花類
　　キク，バラ，ユリ，カーネーション，トルコギキョウ等の草本類や花木類等の花梗または茎葉を切り取り，鑑賞に供するもの。切花のほか，切枝，切葉を含む。

鉢物類
　　草花，観葉植物，サボテン・多肉植物，花木等を鉢植えにしたもの。なお，ラン類，サボテン・多肉植物等のように，ほとんどが鉢植えにして鑑賞に供されているものについては，鉢を付けないで出荷する場合もすべて鉢物類として取り扱うのが一般的である。

花壇用苗物類
　　花壇等に植栽し，鑑賞することを目的として生産・出荷される１・２年草や宿根草等の苗のこと。現在ではポリポットに植えられて出荷・販売されている場合が多い。

物日（ものび）
　　特別なことのある日を指す。花きにおいては元日，彼岸，盆，クリスマス，「母の日」など需要が集中する特定の日のこと。

湿式流通
　　切花の切り口を水や吸水性素材に浸して輸送する切花類の流通方式のことであり，主に次の３方式がある。①水の入ったバケット（バケツ）を輸送容器に用いる方式。②水の入った容器を段ボール箱の中に設けて切花の基部を浸す方式。③切花の基部に吸水性素材をつけて段ボール箱に詰める方式。

事後学習（さらに学んでみよう，調べてみよう）

（１）花きの需要は物日などの特定の日や時期に集中する傾向がみられるが，このことが生産者や流通業者の経営にどのような影響を及ぼしているか考えてみよう。

(2) 1999年と2004年の卸売市場法改定にともなって，花き卸売市場にもさまざまな変化がみられるようになっている。花き卸売市場にどのような変化が起こっているか調べてみよう。また，2018年に卸売市場法が大幅に改定されたが，その影響についても話し合ってみよう。
(3) 花きの消費支出額は2000年代以降，低下傾向で推移している。とくに世帯主の年齢が若い世帯ほど消費支出額が小さいことから，経済環境が好転しない限り，このような傾向が続くものと考えられる。今後，花きの消費を拡大するためには，どのようなことが必要か話し合ってみよう。

[内藤重之]

第10章　小麦・大豆

事前学習（あらかじめ学んでおこう，調べておこう）

（1）小麦や大豆の加工品にはどのようなものがあるかを周囲の食料品店で調べてみよう。
（2）戦後における小麦・大豆の作付面積の推移を田・畑別に調べてみよう。田については1969年度の米の生産調整政策開始以降の生産調整面積（2004年度以降は生産目標数量）の推移と関連づけて見てみよう。

キーワード

　小麦，大豆，自給率，転作，価格・所得政策

第10章 小麦・大豆

1 小麦・大豆をめぐる輸入・国内生産の動向

　小麦はパン・麺・菓子などの原料として，大豆は豆腐・納豆・みそ・醤油などの原料として，現在の日本の食卓に欠かすことのできない農産物であるが，そのほとんどは輸入に頼っている。2016年度の自給率は小麦が12%，大豆が7%である[1]。

　図10-1は1960年度以降の小麦と大豆の輸入量と国内生産量の推移を示したものである。小麦・大豆とも60年度の時点ですでに輸入量が国内生産量を大きく上回っていたが，その後小麦は70年代半ばまで，大豆は80年代初頭まで輸入が増大する一方，両者ともに国内生産量は70年代半ばまで減少していった。その結果，60年度に小麦39%，大豆28%だった自給率は，77年度にはそれぞれ4%，3%にまで落ち込んだ。

　戦後，人口の増加と食生活の欧米化・洋風化によって小麦と大豆の需要量は増加したが（小麦は主としてパン用，大豆は主として油糧用），それに対応したのは輸入小麦・輸入大豆だったのである。

図10-1　小麦・大豆の輸入量・国内生産量の推移

出所：農林水産省『平成28年度食料需給表』より作成。
注：1）小麦の輸入量は，製品輸入分を玄麦換算したものを含み，加工貿易用の玄麦輸入分は含まない。
　　2）小麦輸入量は食糧用小麦と飼料用小麦との合計。

これは1961年制定の農業基本法下で，高度経済成長下における開放経済体制（1960年「貿易為替自由化計画大綱」）の進展に対応して，「選択的拡大」（農産物についても市場開放を進め，国内の農業生産は輸入農産物と競合しない品目に絞り込む）という農政方針がとられたことによるところが大きい。大豆は61年に輸入自由化され，72年以降は**実行関税率**が無税とされた。小麦は従来からの輸入許可制・輸入割当制と**国家貿易**（輸入小麦のほぼ全量を政府が輸入し，国内の業者に売り渡す）こそ継続されたものの，輸入量を増やす運用がなされた。一方，再生産可能な「生産者手取価格」ないし「社会的標準的な所得」を生産者に保障するための価格・所得政策は，小麦・大豆については抑制的に運用された。これらの政策が輸入量の増大とともに国内生産量の減少をもたらした。

78年度以降，小麦と大豆の国内生産量は一定程度回復し，自給率はわずかながらも好転する。これは78年度開始の「水田利用再編政策」以降，米の生産調整面積が大きく引き上げられる中，麦と大豆が転作作物のエースとされ，麦と大豆に交付される**転作奨励金**が他作物のそれよりも有利に設定されて，生産調整水田での作付が増大したことによる。なお，90年代半ばには小麦・大豆とも国内生産量が減少しているが，これは転作奨励金が抑制されたことに加えて，93年の冷害による米大凶作に対して米の生産調整面積が緩和されたためである。

1995年にはWTO（世界貿易機関）が発足し，小麦は輸入許可制・輸入割当制が廃止されて輸入自由化されたが，**カレントアクセス**分について国家貿易は存続された。そこでは国家貿易における**マークアップ**よりも民間貿易における**関税相当量**が高く設定されたため，現在も民間貿易による輸入はあまりなく，とくに食糧用についてはそのほぼ全量が国家貿易によるものとなっている。なお，マークアップは小麦に係る価格・所得政策の原資に充てられている。

大豆については，2004年度以降，輸入量がそれまでの500万t水準から大きく減少して近年は300万t前後になっているが，これには近年の大豆の国際価

格高騰の下で油糧原料の需要が大豆からなたねに移行したことが大きく影響している。

2 小麦・大豆の消費動向

小麦（食糧用）の国民1人1年当たり供給量は1960年度に25.8kgだったが、66年度に30kgを超えて31.3kgになった[2]。その後は一進一退を繰り返し、2016年度は32.9kgである。大豆（食用）の国民1人1年当たり供給量は60年度に5.6kgであり、その後しばらくは大きな変化は見せなかったが、84年度に6kgを超え、2004年度には6.9kgになった。その後は減少傾向に転じ、16年度は6.4kgである。

これに対して、大豆油脂の国民1人1年当たり供給量は60年度に1.2kgだったが、その後急速に増加し、63年度には2kgを、69年度には3kgを、74年度には4kgを超え、84年度には4.7kgになった。その後は一進一退を繰り返し、2004年度以降は油糧原料がなたねに移行する中で減少に転じ、16年度には2.5kgとなっている。

戦後の食生活の欧米化・洋風化の影響は、油糧用大豆の消費動向では大きく、食糧用小麦のそれでは一定程度現れ、食用大豆のそれではあまり現れなかった、と言えよう。

表10-1は2009年度における小麦の需要動向である。小麦全体の需要量626万tのうち、521万tが主食用（83％）、16万tがみそ・醤油用（3％）、90万tが飼料用及び工業用（14％）である。国産小麦の使用比率は多くの用途で低水準にあるが、「日本めん用」だけは国産比率が60％になっている。これは国産小麦品種の多くが日本麺に向く中力粉に適しているためである。ただし、このことは、農業基本法下で「選択的拡大」の方針がとられて以降、「日本めん用」よりも需要の多い「パン用」に向く強力粉に適する小麦の品種開発が低調であったことを示すものでもある。近年は地域農業振興の一環として、各地で中力粉用・強力粉用を含めて小麦の新品種開発が行われるようになっ

表 10-1　小麦の需要動向（2009 年度）

単位：万 t

用途	用途別需要量①	うち国産需要量②	国産比率②／①
小麦全体	626（100%）	81	13%
主食用	521（ 83%）	62	12%
パン用	152（ 24%）	4	3%
日本めん用	57（ 9%）	34	60%
その他めん用（即席めん等）	122（ 19%）	7	6%
菓子用	72（ 12%）	10	14%
家庭用などその他	117（ 19%）	6	5%
みそ・醤油	16（ 3%）	2	13%
飼料用及び工業用	90（ 14%）	17	19%

出所：農林水産省資料より作成。
注：用途別需要量の（　）内の比率は，ラウンド（四捨五入）のため合計が一致しない。

図10-2　大豆の需要動向（2016年度）

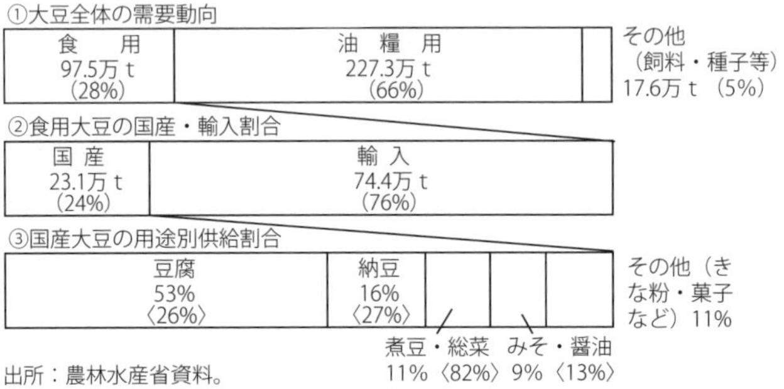

①大豆全体の需要動向

食　用	油　糧　用	その他
97.5万 t（28%）	227.3万 t（66%）	（飼料・種子等）17.6万 t（5%）

②食用大豆の国産・輸入割合

国産	輸入
23.1万 t（24%）	74.4万 t（76%）

③国産大豆の用途別供給割合

豆腐	納豆	煮豆・総菜	みそ・醤油	その他（きな粉・菓子など）
53%〈26%〉	16%〈27%〉	11%〈82%〉	9%〈13%〉	11%

出所：農林水産省資料。
注：〈　〉内は当該用途における国産大豆のシェア。

ている。

図10-2は2016年度における大豆の需要動向である。大豆全体の需要量は342.3万t，そのうち食用が97.5万t（28%），油糧用が227.3万t（66%），その他が17.6万t（5%）であり，油糧用はそのほぼすべてが輸入大豆である。食用のうち国産は24%の23.1万tであり，その用途別内訳は豆腐53%，納豆16%，煮豆・総菜11%，みそ・醤油9%，その他11%である。各用途における国産大豆のシェアは，煮豆・総菜の82%を除くと，豆腐26%，納豆27%，みそ・醤油13%と低く，自給率の低さを反映している。

3　小麦・大豆の流通

図10-3は小麦の流通ルートの概略図である。

第10章 小麦・大豆

　2000年産以降,国産小麦の流通はそれまでの政府経由（政府による買入れ・売渡し）主体から民間流通主体への移行が行われ（07年の食糧法改定で政府買入れは完全に廃止）,現在はすべてが民間流通である。そこでは,毎年小麦の播種前に農協等（小麦生産者から販売の委託を受けた者）と製粉業者等の実需者との間で締結される民間流通契約が基本になっている。

　具体的には,①各産地銘柄の販売予定数量の30%を上場して入札を行い[3],落札した実需者は農協等と契約条件を協議の上,契約を締結する,②販売予定数量の70%は相対取引契約となるが,そこでは各産地銘柄の**入札指標価格**を基本とした価格で取引数量や契約条件などに関する協議を行って,契約を締結する,というものである。

　このようにして製粉業者等に売り渡された小麦はそのほとんどが小麦粉に加工された後（輸入小麦を原料とする小麦粉とブレンドされることも多い）,二次加工業者に売り渡されてパン・麺・菓子類などの製品に加工され（小麦

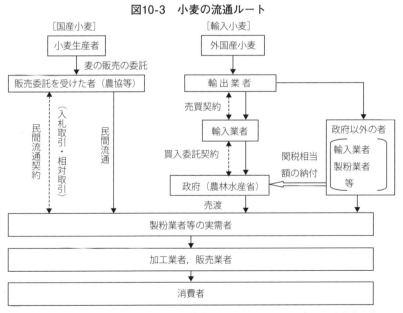

図10-3　小麦の流通ルート

出所：『米麦データブック2009年版』全国瑞穂食糧検査協会,257ページ,を一部加筆・修正。

粉のまま消費者に販売されるものも一部ある)，最終的に消費者の手に渡る。

輸入小麦は国家貿易によるものと民間貿易によるものがあるが，先述のように食糧用についてはそのほとんどが前者である。国家貿易には，①政府が輸入業者を代行機関として直接輸入し，製粉業者等に売り渡しするものと，②輸入業者と製粉業者等との連名による申し込みを受けて政府が輸入業者から買い入れ，それをそのまま実需者に売り渡しするSBS方式によるもの，の2つがある。どちらとも輸入小麦は政府を経由して製粉業者等に売り渡され，その売渡価格は「輸入価格＋マークアップ」で決まる。他方，民間貿易を通じて製粉業者等が輸入小麦を買い受ける際の価格は「輸入価格＋関税相当量」となる。製粉業者以降の流通は基本的に国産小麦と同じである。

図10-4は大豆の流通ルートの概略図である。

輸入大豆は大きく食用と油糧用に分かれる。食用は輸入商社が輸入を行い，加工メーカーに売り渡すルートが一般的である。油糧用は輸入商社が輸入した大豆を製油業者に売り渡すルートと，製油業者が穀物輸出業者や海外生産者から直接輸入するルートがある。製油業者によって製造された大豆油はほとんどが加工メーカーに売り渡される。加工メーカーは食用大豆や大豆油を使用して大豆加工品を製造し，それらの加工食品は販売業者を通じて消費者に売り渡される。

国産大豆は大きく，①農産物検査を受けて「畑作物の直接支払交付金」（後述）の交付対象になるものと，②黒大豆や一部の地場流通大豆など農産物検査を受ける必要がなく「畑作物の直接支払交付金」の対象にならないもの，に分かれる。

①については，農産物検査を受けた後，農協等の集荷団体→経済連等→全農・全集連というルートで集荷され，収穫後入札取引または契約栽培取引ないし相対取引で価格や取引量などが決定された後，1次問屋→2次問屋を経て（または，これらを中抜きして）加工メーカーに売り渡される。1961年度から99年度までは取引形態は原則として収穫後入札取引に限定されていたが，2000年度以降はこれに契約栽培取引と相対取引が加わった[4]。18年度から

第 10 章　小麦・大豆

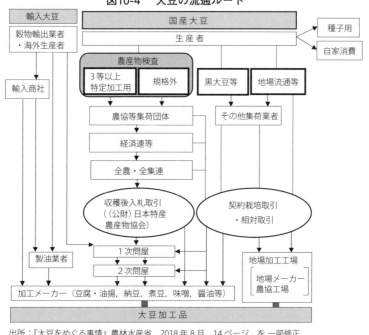

図10-4　大豆の流通ルート

出所：『大豆をめぐる事情』農林水産省，2018 年 8 月，14 ページ，を一部修正．

はこれらの取引形態に加えてさらに播種前入札取引と播種前相対取引が開始された[5]。

②については，地場の集荷業者等を通じて集荷された後，契約栽培取引または相対取引によって価格や取引量などが決定されて加工メーカーや地場加工工場に売り渡され，そこにおいて大豆加工品に加工される．

4　小麦・大豆の国内生産と価格・所得政策

小麦と大豆の自給率がかなり低い現状下では，国産小麦・国産大豆の市場価格（典型的には入札取引価格）は輸入小麦・輸入大豆の国内販売価格に規定される．すなわち，たとえ国産品の品質が輸入品のそれに勝っていても，

国産小麦の市場価格は「輸入価格＋マークアップ」の水準に，国産大豆の市場価格は輸入価格（実行関税率が無税のため）の水準に，それぞれ引き寄せられるのである。その結果，国産小麦・国産大豆とも，産地銘柄ごとに市場価格は異なるものの，全体として市場価格は生産費を下回ることになる。

国産小麦（60kg当たり）は，2015年産では生産費7,023円に対して入札取引価格は2,986円，16年産では9,242円に対して3,250円，国産大豆（60kg当たり）は15年産では生産費1万9,102円に対して入札取引価格は1万155円，16年産では2万548円に対して9,346円である[6]。

これでは国産小麦と国産大豆はほとんど採算がとれないため，両品目では従来から価格・所得政策が行われてきた。現在，その制度は「畑作物の直接支払交付金」として実施されており（図10-5），認定農業者，集落営農，認定新規就農者を対象として，小麦では民間流通されるものに対して，大豆では同交付金の対象となるもの（前述）に対して交付金が支払われている。16年産の平均交付単価（60kg当たり）は小麦6,320円，大豆1万1,660円である[7]。これによって，現在，両品目とも生産者手取価格は市場価格に「畑作物の直接支払交付金」を加えたものになっている。

また，米生産調整水田で転作として小麦または大豆の生産を行う場合には，10a当たり3万5,000円の「水田活用の直接支払交付金」（従来の転作奨励金に相当）が別途支払われる。同交付金の対象は認定農業者，集落営農，認定新規就農者に限定されない。

以上の2つの交付金は国産小麦・国産大豆の生産量増加に寄与する十分な内容を持っているとは言えないが，ともかくもこれらの交付金があることによって国内の小麦・大豆生産は一定程度維持されている。

5 小麦・大豆の国内生産の今後の展望

2018年の通常国会で批准されたTPP11をめぐる動向や18年度からの政府・行政の米生産調整業務からの基本的撤退は，小麦・大豆の国内生産の今後の

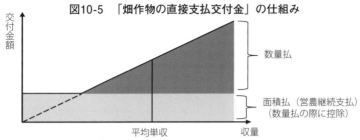

図10-5 「畑作物の直接支払交付金」の仕組み

＊標準的な生産費と標準的な販売価格の差額分に相当する交付金を交付
出所：農林水産省資料より作成。

展望を不透明なものにしている。

　TPP11が発効すれば，発効後9年目までに日本は小麦のマークアップを45％削減しなければならない。これは，小麦の国内市場価格を引き下げ，生産費との差額を拡大させるとともに，小麦に係る「畑作物の直接支払交付金」の原資をほぼ半減させる。この下で同交付金を継続するには，その多くを国の一般会計に頼らざるを得ない。しかし，TPP11の下では他の多くの農産品目も，関税の撤廃ないし大幅引下げによって市場価格低下・交付金原資の大幅減少という状況に追い込まれるのだから，農産品目全体で価格・所得保障政策のために新たに必要となる額は莫大なものになるだろう。この下で一般会計が各農産品目に対して十分な原資を提供できるとは到底考えられない。大豆はすでに実行関税率が無税になっているが，以上のような状況は大豆に係る同交付金の原資にも影響を与えないわけにはいかない。

　政府・行政の米生産調整業務からの基本的撤退は，18年度以降の米生産調整業務が農業団体などの「民間主体」で行われるようになることを意味する。しかし，このような「公的性格の後退」は，長期的に見るならば，米生産者の生産調整への参加意識を希薄化させるとともに，民間団体が実施する生産調整に税金を導入することの是非が問われて「水田活用の直接支払交付金」の削減につながることになりかねない。その結果，一方での米過剰による米価下落，他方での転作作物の生産減少，という事態が生じる可能性がある。

　国産小麦・国産大豆に対しては，ロットの安定性・均質性・コストに難が

あり，これらを改善してほしいとの実需者の声がある。それへの対応として小麦作経営・大豆作経営の規模拡大を追求する場合でも，内実のある価格・所得政策がなければ展望は開けない。TPP11への対応や米生産調整のあり方を考える際にもこの点を外してはならない。

注
（１）農林水産省『平成28年度　食料需給表』による。以下の自給率の数値も同じ。
（２）農林水産省『平成28年度　食料需給表』による。以下の消費量の数値も同じ。
（３）販売予定数量が3,000t以上の産地銘柄は義務上場とされるが，農商工連携による地産地消を主な用途とする産地銘柄は義務上場から除かれる。
（４）ただし，集荷数量の3分の1以上は収穫後入札取引に上場しなければならず，相対取引と契約栽培取引の価格は入札価格を基準にしなければならない。
（５）ただし，播種前相対取引の価格は播種前入札価格を基準としなければならない。
（６）小麦・大豆とも，生産費は「全国計・全算入生産費」，入札取引価格は「全銘柄加重平均」である。なお，13年産と14年産の大豆は，異常気象による収穫量の大幅な減少によって入札取引価格がかなり高騰し，その影響を受けて15年産大豆の入札取引価格も若干高水準になった。
（７）2018年産から60kg当たり平均交付単価は，小麦は6,890円に，大豆は9,040円に，それぞれ変更された。

参考文献
［１］横山英信『日本麦需給政策史論』（八朔社，2002年）。
［２］横山英信「WTO・新基本法下の麦需給・生産をめぐる動向とTPP協定・国内対策」（岩手大学人文社会科学部紀要『アルテス・リベラレス』第98号，2016年）57～79ページ。
［３］吉田行郷『日本の麦―拡大する市場の徹底分析―』（農山漁村文化協会，2017年）。
［４］梅本雅・島田信二編著『大豆生産振興の課題と方向』（農林統計出版，2013年）。
［５］農林水産省「大豆のホームページ」（http://www.maff.go.jp/j/seisan/ryutu/daizu/）。

用語解説

転作奨励金
　　米と転作作物との間での生産者所得の格差を縮小することを目的として，米生産者の転作作物の作付に対して支払われる助成金。

国家貿易
　国の機関や国の指定を受けた団体などによって行われる貿易。国が貿易に介入する必要性が背景にあるため，国家貿易が行われている品目では，民間貿易を合わせた貿易量の大宗を国家貿易が占めていることが多い。

マークアップ
　国家貿易企業が徴収する輸入差益であり，輸入小麦については政府売買価格差がこれに相当する。

カレントアクセス
　WTO協定で規定されている，輸出国に対する輸入国の輸入機会提供のための仕組みの1つ。WTO発足前の輸入量が比較的多い農産物が対象になっている。WTO発足後も輸入国の従来の輸入量を減少させないようにすることを目的とする。

関税相当量
　WTO協定で輸入自由化された品目を民間貿易で輸入する際に課される「関税＋政府への納付金」のこと。

入札指標価格
　前年の入札における落札価格を落札数量で加重平均したもので，当年の入札を行う際の基準とされる。

SBS（Simultaneous Buy and Sell）
　「売買同時入札」と訳される。国家貿易の枠内で，輸入農産物の「政府への売渡し」と「政府からの買入れ」について銘柄・数量・価格等を輸入業者と買入予定者（実需者等）が連名で申し込む契約。実需者等の輸入農産物に対する個別需要にきめ細かい対応ができるとされる。

実行関税率
　1つの輸入品に対して複数ある関税率の中で，実際に適用されている関税率。

TPP11
　「環太平洋連携協定」（TPP）署名12ヶ国のうち，トランプ政権下でTPPからの離脱を打ち出したアメリカを除く11ヶ国で締結した新協定。

事後学習（さらに学んでみよう，調べてみよう）……………………………

（1）戦後日本において小麦・大豆の価格・所得政策がどのように推移してきたかを，農産物輸入政策と関連づけて調べてみよう。
（2）全国各地で行われている小麦・大豆の地産地消のための農商工連携の取り組みを調べてみよう。

［横山英信］

第11章　加工食品

事前学習（あらかじめ学んでおこう，調べておこう）

(1) 食品卸売業の企業とは，どのような会社だろうか。具体的な会社名と取り扱っている商品について，大学の就職部にある資料や図書館にある『会社四季報』，『日経会社情報』などで調べてみよう。
(2) 大学での学びでは，専門用語を正確に理解する必要がある。卸売業と小売業は何が違うのだろうか。これらの正確な定義について，大学図書館のマーケティング用語辞典などで確認してみよう。

キーワード

フルライン化，問屋無用論，物流センター，センターフィー，プライベート・ブランド

第11章 加工食品

1 食品卸売業の存立基盤

　加工食品の流通と市場は，主に食品卸売業が担ってきた[1]。この食品卸売業は食品製造業と小売業の間に介在し，商品である加工食品を円滑に流通させることがその役割である。

　これまで食品製造業，小売業ともに小規模で多数という構造であった日本の加工食品流通において，食品卸売業は仲介者として重要な役割を果たしてきた。今日においてもそれは同様だが，食品製造業が大企業となり，小売業が食料品店からスーパーマーケットへ，さらにコンビニエンスストアがシェアを拡大し，加工食品流通におけるその存立基盤は大きく変化しつつある。

　そこで，本章では加工食品の流通について，その主たる担い手である食品卸売業の変化と現状を，特に2000年代以降のフルライン化と総合商社との関係強化を軸として解説する。

2 加工食品の流通経路と食品卸売業の動向

食品卸売業の「特殊性」

　図11-1では加工食品の標準的な流通経路を示した。食品卸売業は世界各地にある食品製造業から加工食品などを仕入れ，総合スーパー，食品スーパー，コンビニエンスストアあるいは食料品店へそれを卸している。地方や中小零細な小売商，小規模なローカル・スーパーなどは，全国卸売業といわれる大手の食品卸が直接担当するとは限らず，二

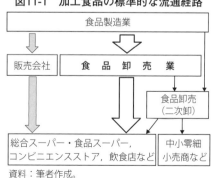

図11-1　加工食品の標準的な流通経路

資料：筆者作成。

次卸と呼ばれる相対的に規模が小さい企業が担当することもある。また，大規模化した食品製造業を中心に，専属的な卸売部門を抱えようとするケースも多く，これらは販売会社（販社）とよばれている。

ところで，ひとくちに加工食品といっても，実際にはきわめて多種多様な商品群から構成されており，商品的性格も一様ではない。

例えば第１に，商品の賞味期限が商品グループごとに大きく異なる。同じ加工食品でも賞味期限が１カ月程度のものもあれば，缶詰のように長期間にわたり商品的価値を維持できるものもある。

第２に，商品の回転速度がまったく異なる。同じ食品スーパーに並んでいても，毎日数十の単位で売れていく定番商品もあれば，週に一つ売れるかどうかというような，珍しい香辛料のような商品も存在する。

第３に，流通での取り扱いも商品ごとにずいぶんと異なる。つまり，冷凍食品やチルド商品のような徹底した温度管理を要求するものもあれば，びん詰や缶詰のように保存食品としても使われるような商品もある。その取り扱いにはそれぞれ専門性があり，だからこそ加工食品は専門卸を中心に発展をしてきた。

第４に，青果物などと同様に生産地は国内大都市から地方，さらには海外にも点在しており，食品卸売業の倉庫に入るまで，それぞれが異なった収集経路で流通してくる。もちろん，それが最終消費者向けの商品なのか，業務用なのかによっても流通経路は異なるだろう。

第５には，商品アイテムの切り替えが速いという特徴がある。もちろん，農産物のような生鮮食品も品種の更新はあるが，菓子類などをみれば明らかなように，加工食品ではそれが著しく速い。このことは流通の負担を増大させることにつながる。

第６に，天候の影響を強く受ける生鮮食品に比べれば，加工食品の供給量は確かに安定的かもしれないが，消費者からの需要については変動が大きい。例えば，気温が予報よりも上昇し，突然暑くなれば，コンビニエンスストアや食品スーパーでは炭酸飲料が急激に売れはじめる。特にコンビニエンスス

トアの場合，それほど在庫があるわけではないので，不足すれば食品卸に急ぎの納品を依頼することになる。他にも，前日にテレビで紹介されたり，インターネットのニュースで取り上げられたり，あるいは前夜の人気ドラマで使用されたりしたことがきっかけで，突然，特定の商品が売り切れるなどという現象がしばしば生じている。

このように考えると，食品スーパーなど食品を幅広く品揃えする小売業を主な顧客とする大手の全国卸売業は，商品特性が比較的似通った商品を扱う青果物卸売業よりもはるかに多様な商品群を扱っており，複雑な経路に対応しつつ，食品製造業と小売業とをつないでいるということになる。

食品卸売業の構造変化

加工食品流通での食品卸売業の位置付けについて，1960年代に始まった流通革命論をめぐる議論では，卸売機能が生産段階または小売段階，あるいはその双方によって吸収されるという，「**問屋無用論**」を展望していた。そこでは，日本の流通経路が食品も含めて複雑であることが問題とされ，そのような多段階性の解消を目指すとした。一般的にこの議論は，高度経済成長期を通じて進展した食品流通システムの近代化に強い影響を及ぼしたと考えられている。

現実には**図11-2**のように，1990年代のはじめごろまで食品卸売業は事業所数でも従業員数でも拡大傾向にあり，その意味では「問屋無用論」が予測したような構造変化は必ずしも進展していなかった。それが2000年前後から，食品卸売業は事業所数でも従業者数でもともに急速な減少に転じている。ただし，**図11-3**からこれを1事業所当たりの変化でみると，飲食料品卸売業，食料・飲料卸売業はともに増加へ転じている。また，これは従業員1人当たり年間商品販売額についても概ね同様の傾向を示している。

これらから，食品卸売業全体としては，1990年代前半にピークを迎えて以降，全体の規模は縮小させつつ，販売効率を向上させるような再編が進んできたといえる。

第Ⅱ部　品目編

図11-2　食品卸売業の事業所数と従事者数

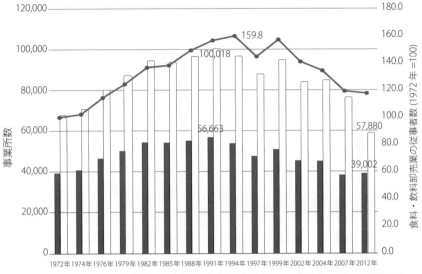

資料：総務省「商業統計調査」より作成。

図11-3　食品卸売業の1事業所当たり年間売上高

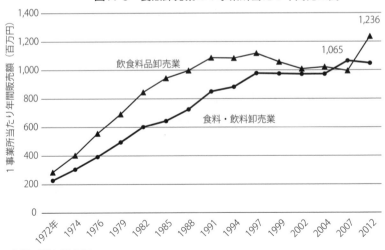

資料：図11-2と同じ。

第11章　加工食品

3　食品卸売業の構造変化

食品卸売業のフルライン化

　第3章では小売業がスーパー・チェーン化という小売業態の革新を伴いつつ大型化したことを学んだ。このようなスーパー・チェーンの多くは商品の調達を本部において一括して行う，本部集中仕入れを特徴としている。ところが，スーパー・チェーンは品揃えを総合化させたものの，その仕入れの物流は依然として卸売業へ依存していた。このことが，食品卸売業を品目ごとに特化した専門卸から多種多様な加工食品を扱う総合卸へ，つまりフルライン化へと変化させる直接的要因となったと考えられる。

　表11-1は食料・飲料卸売業の年間商品販売額の推移を示している。このように年間商品販売額自体は1994年をピークに減少局面にあるが，その内訳をみると酒類卸売業，乾物卸売業など専門卸が年間販売額を軒並み減少させ

表11-1　食料・飲料卸売業の年間商品販売額の推移

(単位：億円)

	1972年	1974年	1976年	1979年	1982年	1985年	1988年
砂糖・味そ・しょう油卸売業	9,441	10,276	16,228	16,655	20,531	19,862	18,231
酒類卸売業	23,982	34,388	46,499	62,341	81,738	86,643	100,222
乾物卸売業	7,627	11,462	13,473	18,948	22,096	24,124	27,077
菓子・パン類卸売業	10,580	13,868	21,489	26,263	32,780	35,164	38,514
飲料卸売業	2,266	3,328	4,907	8,984	11,721	14,573	20,938
茶類卸売業	1,802	2,587	4,417	8,089	10,345	11,691	15,318
その他の食料・飲料卸売業	33,601	48,465	75,149	106,280	147,129	156,404	178,738
食料・飲料卸売業（計）	89,300	124,375	182,162	247,560	326,340	348,461	399,038
	1991年	1994年	1997年	1999年	2002年	2007年	2012年
砂糖・味そ・しょう油卸売業	19,056	19,063	16,714	15,102	13,901	11,995	10,903
酒類卸売業	118,506	118,303	113,575	112,970	94,043	79,092	73,314
乾物卸売業	28,453	28,444	21,623	20,553	15,048	12,588	7,114
菓子・パン類卸売業	44,365	44,373	45,400	42,290	35,935	36,959	38,503
飲料卸売業	40,403	40,406	41,665	37,553	48,203	42,140	33,843
茶類卸売業	13,291	13,289	9,751	8,966	7,923	7,636	4,580
その他の食料・飲料卸売業	214,367	217,940	224,987	226,887	225,121	216,566	240,330
食料・飲料卸売業（計）	478,441	481,818	473,815	464,321	440,174	406,977	408,586

資料：図11-2と同じ。
注：2012年調査では「牛乳・乳製品卸売業」が新設されたが，比較のため，旧来の「その他の食料・飲料卸売業」に統合した。

表11-2 食料・飲料卸売業における従業者数規模階層別の事業所数と従業者数

(単位:事業所数,人,%)

	従業者規模	1994年	1997年	2002年	2007年	2012年	1994-2012年の伸び率
事業所数	500人以上	8	12	11	15	16	100.0
	300~499人	24	29	21	28	22	-8.3
	200~299人	52	41	48	46	44	-15.4
	100~199人	306	300	303	260	203	-33.7
	50~99人	1,166	1,036	1,093	855	556	-52.3
	30~49人	2,303	1,996	1,905	1,535	1,055	-54.2
	20~29人	3,177	2,792	2,700	2,234	1,452	-54.3
	10~19人	8,610	7,650	7,583	6,128	4,203	-51.2
	5~9人	13,245	11,710	11,065	8,837	6,493	-51.0
	3~4人	12,066	10,578	9,534	8,436	6,055	-49.8
	1~2人	12,730	11,341	11,032	9,840	8,645	-32.1
	計	53,687	47,485	45,295	38,214	28,744	-46.5
従業者数	500人以上	5,388	13,140	8,490	15,799	17,987	233.8
	300~499人	9,335	10,973	8,062	10,473	8,113	-13.1
	200~299人	12,237	9,936	11,719	11,062	10,676	-12.8
	100~199人	40,163	38,922	40,899	35,426	26,725	-33.5
	50~99人	77,986	68,403	72,897	57,465	37,878	-51.4
	30~49人	86,334	74,880	71,420	57,261	39,722	-54.0
	20~29人	75,307	66,018	64,108	53,310	34,395	-54.3
	10~19人	115,906	103,376	102,896	82,993	56,823	-51.0
	5~9人	86,855	77,061	73,117	58,119	42,822	-50.7
	3~4人	41,650	36,495	32,919	29,063	20,722	-50.2
	1~2人	22,188	19,592	18,546	16,458	13,659	-38.4
	計	573,349	518,796	505,073	427,429	309,522	-46.0

資料:図11-2と同じ。
注:「事業所数」は1997年調査までは「商店数」。

ているのに対し,「その他の食料・飲料卸売業」だけはそれを増加させている。この増加のすべてが食品卸売業のフルライン化で説明できるわけではないが,少なくとも食品卸売業全体において専門卸が縮小しているのに対して,多様な取扱品目をもつ総合卸が台頭してきたことはわかる。

このような食品卸売業のフルライン化の動きは,同時に総合商社による食品卸売業との関係強化の動きでもあった。三菱商事が系列の食品卸売業4社を合併させて菱食を発足させたのは1979年のことであり,総合商社と食品卸売業の密接な関係は実は今に始まったことではない。しかし,2001年の国分と雪印アクセス(現 日本アクセス)提携は,酒販に強い国分が,チルド製品に強い雪印アクセスと提携するという,その後に食品卸売業界へ広範に拡

第 11 章　加工食品

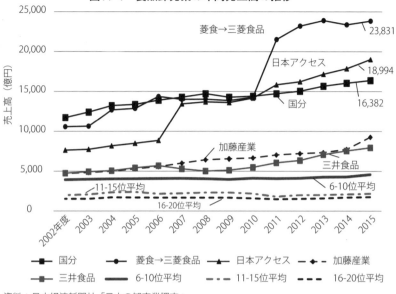

図11-4　食品卸売業の年間売上高の推移

資料：日本経済新聞社「日本の卸売業調査」。
　注：1）日本アクセスは2002年まで社名は雪印アクセス。菱食は2011年から社名を三菱食品に変更した。
　　　2）企業名は2013年度の1位から5位。平均値ごとは年度ごとであるから，これが5社の売上高が含まれる年度もある。

大するフルライン化を世間に強く印象づけた。また，翌2002年には，総合商社大手の伊藤忠商事が，雪印アクセスの筆頭株主となり，自らの傘下に収めた。伊藤忠商事以外の総合商社についても，ほぼ同時期に食品卸売業への資本参加や系列強化に取り組み始めている[2]。

　そして，2010年からは，商社主導による食品卸売業の大規模な再編がさらに加速し，三菱食品の発足によって売上高2兆円規模の巨大食品卸が登場し，今日に至っている。**表11-2**は，従業者数階層別の事業所数と従業者数の推移を示している。食品卸売業全体の縮小の中にあって，企業単位では大規模化が進展してきたことを読み取ることができる。

　それでは，もう少し具体的に食品卸各企業の動きを整理してみよう。**図11-4**は，食品卸売業の年間売上高順位を示している。2002年以降，これら

157

第Ⅱ部　品目編

の5社に，伊藤忠食品と日本酒類販売を加えた7社によって上位層を形成するという構造は概ね変わっていない。しかし，これらによる業務提携や合併，あるいは子会社化などは活発に行われてきた。この図においても，2007年に日本アクセスの年間売上高が急増しているが，これは前年まで食品卸売業界第10位の規模であった西野商事を合併した結果である。2011年には三菱商事系の食品卸売業4社が合併し，それ以降は三菱食品，日本アクセス，国分の3社が4位以下を大きく引き離す構造となった。

商社主導の再編とその帰結

　三菱食品の登場が典型的に示しているように，このような食品卸売業における上位層の再編は，総合商社の系列ごとに進展している。**図11-5**は，三菱商事が2009年の時点で資本関係をもっていた食品卸との関係を示している。このうち菱食は加工食品を総合的に扱う卸であり，明治屋商事は明治屋から卸売部門を切り離した会社で，ビールなど洋酒を中心に，加工食品を幅広く扱っていた。フードサービスネットワークは，ローソンなどコンビニ向けチルド品の低温物流を手がけており，サンエスは菓子類を中心とした卸であっ

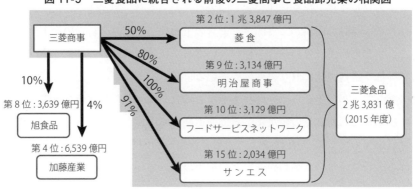

図11-5　三菱食品に統合される前後の三菱商事と食品卸売業の相関図

資料：「日経流通新聞」2010年8月2日付の記事から引用し，一部を修正した。2015年度データは「日本の卸売業調査」より引用（三菱食品のみ）。
注：％で示しているのは出資比率，順位は食品卸売業での売上高順位ですべて統合開始前の2009年度の実績。

第11章　加工食品

た。各社とも大規模層に含まれるほどの取扱規模であるが，2010年7月に三菱商事がこれら4社を統合しようとしていることが明らかにされ，翌2011年7月には菱食が三菱食品株式会社へ社名変更した。ここが他の3社を合併する方式で，翌2012年には4社の統合を完了させた。

この食品卸売業界初の「フルライン型2兆円企業」の成立は，業界最大手に躍り出たのはもちろんのこと，食品メーカーからはバイイング・パワーの発揮によって，中小食品製造業の再編が引き起こされる可能性をも指摘されるほどであった。また，小売業からは，規模のみならず品揃えも拡大されることから，商品提案の幅が広がることなどへの期待があった一方で，中小規模の食品スーパーの中には仕入れの依存度が極端に高まることを懸念する声もあった。

次に，図11-6では伊藤忠商事と食品卸売業との関係を示した。同社の系列食品卸は，総合食品の日本アクセスを中心に，肉や魚などの生鮮品を扱う伊藤忠フレッシュ，外食チェーンに販路を持つユニバーサルフード，ファミリーマート向けの物流を担うファミリーコーポレーションの4社であったが，これらも2011年10月までに経営統合されている。これら4社の売上高合計は，

図11-6　伊藤忠商事と食品卸売業の相関図

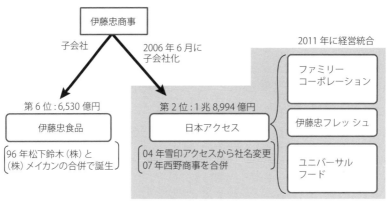

資料：「日経流通新聞」2010年8月2日付の記事から引用し，一部を修正した。
注：順位と売上高は「日本の卸売業調査」による2015年のデータ。

159

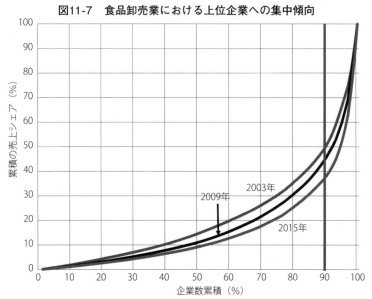

図11-7　食品卸売業における上位企業への集中傾向

資料：図11-4と同じ。
注：それぞれの年度で売上高1位から100位の企業を対象とした。

経営統合前の2009年時点で約1兆5千億円であったが，2015年の日本アクセスの売上高は，それをさらに上回る1兆8,994億円に達している。なお，伊藤忠商事は，これらとは別の食品卸，伊藤忠食品を傘下に持っており，これを日本アクセスと合わせると売上高2兆円を超える規模に達することになる。

このように商社主導の再編により食品卸売業が再編されていく過程で，上位企業への集中度が著しく高まってきている。図11-7では，ローレンツ曲線の考え方を使って，上位100社の年間商品販売額合計の集中度を示している。最も内側の曲線が2003年度，外側が2015年度であるから，ますます上位層へ偏ってきていることがわかる。これによれば，2003年には上位100社の売上高合計50％を占めているのは11社であった。それが2009年には上位8社で50％を占めるまでに集中が進み，2015年にはそれは6社となっている

これまで日本の食品卸売業は，菓子や酒など伝統的に取扱分野を細分化したまま発達してきた。小規模生産者が特定の品目に特化しつつ分散して立地

していること，アイテム数の多さ，多様な商品特性をもつ食品という性格も相まって，商品の取り扱いに専門性が必要という卸売業の機能面からいっても，このようなあり方には合理性があった。これら専門的な食品卸を統合しようとする動きは今に始まったことではないが，総合商社が主導したこの10年間の再編過程では，取扱分野の拡張や強化を通じて食品卸売業全体がフルライン卸へと転換しようとする傾向が顕著であった。その結果が，前掲図11-7のような総合商社ごとに系列化された上位企業への集中であった。

　このことは，大型ショッピングモールに象徴される，小売段階の巨大化という流通システムの変化に対応したともいえる。したがって，取扱分野の拡張は必ずしも食品の枠にとどまらない。売上高において長く業界第1位の座にあった独立系の国分は，2015年に子会社への相互出資を通じて丸紅と包括的提携を結んでいる[3]。これとは別に，2007年には医薬品の卸である東邦薬品と大木，2008年に水産卸の大都魚類（築地市場→豊洲市場），2011年には青果物卸で最大手の東京青果（大田市場）とも業務提携を結んでいる。もともと国分は加工食品や酒類に強みをもつ食品卸売業であったが，これらの提携を通じて生鮮食品，さらには医薬品へとフルライン化を推進している。また，三菱食品は三菱商事グループの総力を結集しつつ「総合食品商社」を目指すとし，日本アクセスも日用品卸第2位の規模である「あらた」，医薬品卸第2位のアルフレッサホールディングスと，それぞれ業務提携を結んでいる。

　そして，近年では，日本型の巨大ショッピングセンターが海外へ進出するのに合わせて，フルライン化した食品卸売業も海外への展開を模索している。

専用物流センターの登場と食品卸売業の利益率

　図11-8では，総合スーパーなどスーパー・チェーンの専用物流センターが介在する場合の流通経路を例示している。各総合スーパーなどが専用の物流センターを設置するようになると，食品卸は各店舗まで納品することはせず，この物流センターへと納品するようになる。この図を見ると，物流セン

第Ⅱ部　品目編

図11-8　本部一括仕入れと専用物流センター

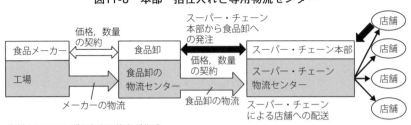

資料：ヒアリングを参考に筆者が作成。

ターの設置によって，各食品卸あるいは各メーカーの流通が一本化され，いわゆる一括物流が実現した合理的な経路となっている。ところが，食品卸にとっての実態は，そのような合理性とははやや異なる。

　このような物流センターは，第1に，設置するスーパー・チェーンにとって在庫が削減できること，第2に，店舗での検品作業などを単純化し，オペレーションコストを圧縮できることなどを主たる存在意義とし，ここを拠点に少量多頻度発注・配送を実現している。この物流センターはスーパー・チェーンが自ら運営する場合もあれば，物流事業者や卸売業者へ運営を委託する場合もある。いずれにせよこの運営にはコストの発生を伴うが，それを負担するのはスーパー・チェーン自身よりも，むしろ納入する食品卸売業である。

　スーパーの物流センターを利用する食品卸は，スーパー・チェーン側が定めた物流センターの利用料金を支払わなければならない。これをセンターフィーという。スーパー・チェーン側がこれを要求する根拠は，本来，商品の仕入価格には店舗への配送費が含まれているはずだが，食品卸は物流センターの利用によりそれをしなくてすんでいる，という点にある。実際に店舗への配送をするのはスーパー・チェーン側だから，その店舗配送を代行した料金を要求しているのである。スーパー・チェーンはこれを元に物流センターの運営費用を捻出する。

　確かに取引する食品卸は，各店舗への配送トラックに間に合うよう，指定

した時間までに物流センターへと納品するだけになるため,一見するとスーパー・チェーンがセンターフィーを要求することは合理的である。しかし,近年,センターフィーの負担が,食品卸売業にとって大きすぎるということがしばしば問題になっている。それが問題となる背景には,このセンターフィーの金額を,スーパー・チェーンが一方的に決定できるという実態がある。しかも,納入する食品卸は,この物流センターを利用しなければスーパー・チェーンとの取引自体ができなくなるため,センターフィーがいくらであろうが従わざるを得ないのである。

食品卸がこの仕組みに納得できないのであれば,このスーパー・チェーンとの取引自体を止めてしまえばすむことであるが,スーパー・チェーンが巨大化し,圧倒的な販売力を保持するようになると,そう簡単にはいかなくなる。つまり,販売力のあるスーパー・チェーンと取引できないような食品卸は,食品製造業にとって魅力がないのである。そのため,チャネルリーダーとなったスーパー・チェーンの下で,食品卸各社も納品をめぐって競争させられるようになり,販売額としては大きくとも,コストもまた大きいという構造になりがちなのである。

その一方で,大手のスーパー・チェーンがこのような物流センターを設置したといっても,中小の食品スーパーやローカル・スーパーには店舗配送まで食品卸に依存しているケースも多い。したがって,食品卸としては,店舗配送用のトラックも維持しなければならない。しかも,物流センターを保有するスーパー・チェーンであっても,店舗配送がまったくないわけではない。まず,物流センターの指定された時間に間に合わなかった場合,食品卸にとっては自社に落ち度がない物流上の事情があったとしても,納入業者の責任として店舗に直接納品することもある。また,欠品しそうなときに店舗側から依頼されることもある。前述の通り,加工食品は安定的に製造できても,需要はちょっとしたことがきっかけで大きく変動する。特にコンビニエンスストアは在庫を絞り込んでおり,いざとなれば欠品防止のために食品卸へ配送を依頼することがある。もちろん,店舗側の発注ミスなどといったケース

もあり，事情はさまざまだが，食品卸が店舗へと直接配送することはしばしばあるという。

　特に全国的な食品卸売業は，統合大型化によりフルライン化しつつ経営規模を拡大させてきた。その結果，上位層は年間販売額を大きく伸ばしたが，このような事情もあって，反面でコストも増大した。それでは，収益性はどのように変化したのであろうか。**図11-9**は，主要な食品卸売業について，売上高営業利益率，**図11-10**では売上高経常利益率の推移を示した。一般的に食品卸売業は食品製造業に比べれば収益性が低いとされているが，これらの図を見る限り，上位層であってもその事情は変わらないことがわかる。売上高営業利益率が期間平均で1％を上回っているのは，独立系食品卸の加藤産業1社のみである。このように，食品卸売業界は統合大型化によるフルライン化，その結果としての売上高の上位集中という再編を見せてきたが，一貫して利益率を上昇させた企業はなく，むしろ低下させている局面の方が目立っているのである。

4　これからの加工食品流通と食品卸売業

　加工食品流通の重要な担い手である食品卸売業は，これまで見てきたように，経営規模の拡大とフルライン化を進展させてきたが，これからは収益性をいかに向上させていくかが課題となっている。スーパー・チェーンがチャネルリーダーとなり，納入価格の上昇は期待しにくい状況下にあって，高騰する人件費に対応した物流センターの自動化など，さらなるコスト削減に努めざるを得ないだろう。

　しかし，コスト削減による競争には自ずと限界があり，それを追求しつつ収益性向上に向けた積極的な取り組みも必要となる。その1つとして，**プライベート・ブランド**（PB）の展開がある。多くの食品卸はPBを保有しており，例えば三菱食品では果物の缶詰で有名な「Lily（リリー）」，日本アクセスは冷凍食品などの「Delcy（デルシー）」，国分ホールディングス本社であれば

第11章　加工食品

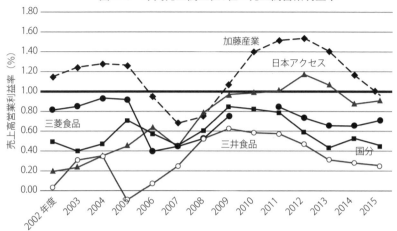

図11-9　年間売上高上位5社の売上高営業利益率

資料：図11-4と同じ。
注：1）日本アクセスは2002年まで社名は雪印アクセス，三菱食品は2010年まで社名は菱食。
　　2）企業名は2015年度の1位から5位。2010年は三菱食品のデータが欠落している。

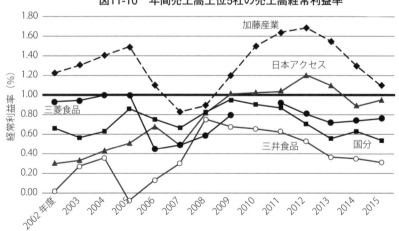

図11-10　年間売上高上位5社の売上高経常利益率

資料：図11-4と同じ。
注：1）日本アクセスは2002年まで社名は雪印アクセス，三菱食品は2010年まで社名は菱食。
　　2）企業名は2015年度の1位から5位。2010年は三菱食品のデータが欠落している。

缶詰の「K&K」などがよく知られ，近年では「缶つま」シリーズがヒット商品となっている。商品開発した食品卸しか取り扱えないPB商品は，価格設定に自由度があるため，利益率の向上に貢献する可能性は高い。ただし，大手のスーパー・チェーンはすべてが独自にPBを展開しており，食品卸のPBを切実に必要とするのはそれを展開できない中小規模の食品スーパーやローカル・スーパーが中心となる可能性もある。

　もう一つの動きとして，情報流の強化があげられる。食品卸売業は物流システムの進化に注目が集まりがちだが，卸売業としては，どこで誰がどのような加工食品を製造しているのか小売業に伝え，どこで誰が何を欲しがっているのか食品製造業に伝えることで，需要と供給をマッチングさせることが最も基本的な役割である。そこで行われるのは情報の伝達であるが，その機能を強化することで収益性の向上に結びつけようとする動きが顕著になっている。2016年8月3日付の日経MJでは，「「薄利」脱却へ提案力」という見出しで，食品卸売業が膨大な取引情報を管理し，分析するシステムを導入し，小売業に対して商品調達から店作りまで支えるサービスを提供しようとしている，と伝えている。本来，売れ筋にあわせた商品調達や地域の顧客の要望に応える店作りは，それこそスーパー・チェーンが最も得意としていた小売業の基本的な役割である。しかし，コスト削減に迫られる小売業では，十分な販売員やバイヤーの確保がしづらくなっているとみられ，その機能を食品卸売業が提供しようとしているのである。

　このような動きが顕著となったことは，スーパー・チェーンがチャネルリーダーとなった加工食品流通において，売買差益に依存し，売上高の増大を最も重視した従来の食品卸売業のあり方では存立が難しくなったということを示している。これまでは納入価格を引き下げてでも競争に打ち勝とうとしてきたが，トラックの運転手の不足などによる物流費の高騰により，それも限界に達している。すでに大手の食品卸では，スーパー・チェーンからの納入価格の値下げ要求を拒否するばかりか，食品卸の側から取引関係自体を解消するケースも生じているという[4]。このことは加工食品の流通において

優越的地位にあるスーパー・チェーンのあり方に一石を投じるものだが，その一方で，食品卸も単に納入価格を下げられるかどうかではなく，これからは卸売業としていかなる機能を提供し，どのような役割を担うかが問われることを意味している。

注
（1）例えば，食品卸売業界第3位の規模である国分ホールディングス本社は，納入先である取引企業が約3万5,000社，取引する食品製造業が約10,000社，そして取り扱う商品は約60万アイテムとしている。同社ホームページ（http://www.kokubu.co.jp/about/strength/，2016年11月26日閲覧）による。また，業界最大手の三菱食品の取引は年間約10億件になるという（日経MJ，2016年8月3日付，3面）。
（2）この時期に総合商社がどのように食品卸売業の系列化していったかという点については，松原寿一「食品流通における総合商社の食品卸売業系列化についての方向性―三菱商事，三井物産，伊藤忠商事を事例として―」（中央学院大学創立四十周年記念論集『春夏秋冬』成文堂，2006年）27～49ページで具体的に分析されている。
（3）日本経済新聞2015年10月28日付「国分，丸紅系冷食卸を子会社化　業務提携に合意」を参照。
（4）石橋忠子「限界利益割れの窮状に「機能卸」への脱皮が急加速」（『激流』2015年9月号）10～15ページ。雑誌『激流』は流通の業界誌であり，この記事も学術論文ではないが，食品卸売業で何が起こっているのか詳しく伝えており，参考になる。

参考文献
［1］加藤義忠監修，日本流通学会編『現代流通事典』（白桃書房，2006年）。
［2］「日経MJ（流通新聞）」。
［3］日経MJ編『日経MJトレンド情報源』（日本経済新聞社，毎年発行）。
［4］鈴木安昭『新・商業と流通（第5版）』（有斐閣，2010年）。

用語解説 ……………………………………………………………………

問屋無用論
　1960年代半ばから議論された流通革命論では，大量生産と大量消費が進展することで，伝統的な流通多段階性が解消され，大量流通とそれによる流通コス

ト引き下げが可能になると考えた。そこでは，機能が縮小し，役割が低下した問屋（卸など中間業者）が流通過程から排除され，メーカーと大規模小売業者が直接取引するようになるとした。しかし，実際には必ずしもそのようにはならなかった。

プライベート・ブランド（Private Brand：PB）
　商業者が企画し，自らの仕様書などに基づき製造させた商品につける商標のことを指し，ほとんどの大手スーパー・チェーンは独自のPBを展開している。これに対し，メーカーが自社製品につける商標はナショナル・ブランド（NB）という。どんなに大規模な展開をするブランドでも，メーカーでなければPBである。

事後学習（さらに学んでみよう，調べてみよう）……………………………

（1）食品卸売業はなぜフルライン化を目指したのだろうか。本章で学んだことを整理してみよう。それを踏まえて，食品卸売業は，なぜ合併や提携によってフルライン化を目指したのか考えてみよう。
（2）食品スーパーは，加工食品メーカーから直接仕入れないことが多いのはなぜだろうか。その理由を考えてみよう。
（3）食品において専門卸にはどのような必要性があるだろうか。生鮮や酒類などを例に考えてみよう。

［杉村泰彦］

第Ⅲ部

課題編

第12章 農産物の国際貿易とわが国の食料・農産物の輸入と輸出

事前学習（あらかじめ学んでおこう，調べておこう）

（1）今日の円・ドルの為替レートについて調べておこう。前日に比べて円高か，円安かについても確認しておこう。

（2）店頭にある食品・農水産物について，それが国産か輸入か，輸入の場合は生産国を，表示から調べておこう。

キーワード

為替レート，多国籍企業，開発輸入，FTA（自由貿易協定），TPP（環太平洋経済連携協定）

第 12 章　農産物の国際貿易とわが国の食料・農産物の輸入と輸出

1　農産物の国際貿易を分析する枠組み

　貿易は国と国との間の商品の取引である。この章では国境を超えての食料・農産物の取引を取り扱う。農産物の特徴は国内自給比率が高いことである。とくに米・小麦などの主食用穀物は，国内で生産されたものを自国内で消費することが基本であり，貿易に回る比率は高くない。もう一つの特徴は，検疫や安全・衛生基準が細かく設定されていることである。野菜や果実，肉類は劣化や腐敗のリスクが高いので，物流過程において品質を保つことが重要である。

　貿易は国と国との間の商品取引であるが，実際に輸出・輸入の業務を担っているのは商社などの企業である。ここで注意すべきは，国境を超えての企業活動がさかんになり，いくつもの国にまたがって事業を展開していることである。企業の多国籍化のなかで，親会社と子会社の間で国境を超えて取引することが珍しくない。こうした企業内貿易の比率が高くなっており，農産物・食品の貿易においても重要になっている。

　貿易の枠組みとしての国際協定について述べる。第 2 次大戦後の代表的な国際協定が GATT（貿易と関税に関する一般協定）である。GATT とその後身である WTO（世界貿易機構，1995 年発足）により，関税引き下げの多国間交渉が何度も行われてきた。近年では二国間の自由貿易協定（FTA），経済連携協定（EPA）が数多く締結されるようになった。国際協定の交渉において，農産物・食品の関税引き下げ，関税以外の国境措置の撤廃，安全・衛生基準などが対象になっている。いずれも農産物・食品の貿易に大きな影響を及ぼすもので，その動向をしっかりと見ておくことが必要である。

　本章では次の順で述べる。第一に，わが国の農産物・食品の輸入・輸出の動きと特徴を述べる。第二に，農産物・食品の国際市場の動向について穀物を中心に述べる。第三に，貿易を動かしているのは商社などの企業である。穀物商社など**多国籍アグリビジネス企業**の活動について述べる。最後に農産

物・食品貿易の国際的な枠組み，国際協定の交渉について述べることとする。

2　わが国の食料・農産物の輸出と輸入

食料・農産物の輸出・輸入の概観

　わが国の食料・農産物の輸出・輸入を示したのが**表12-1**である。まずいえることは，圧倒的に輸入が多いことである。1990年の食料・農産物の輸入は502億ドル（米ドル，以下同じ），輸出は25億ドルで，477億ドルの輸入超過（入超）である。2016年においても輸入が786億ドルに対して，輸出は69億ドルと717億ドルの入超である。近年，食料・農産物の輸出促進政策もあって輸出が伸びているが，2016年でも輸入額の10分の1以下にすぎない。圧倒的に輸入が大きい構造は変わっておらず，この26年間でみると入超額がいっそう拡大している。

　輸出・輸入の変化に影響を与える要因が為替レートの変動である。ドルに対して円が高くなれば（**円高**），輸入価格の下落と輸出価格の上昇となり，その結果，輸入の増加と輸出の減少をもたらす。反対に，ドルに対して円が安くなれば（**円安**），輸入価格の上昇と輸出価格の下落となり，輸入の減少と輸出の増加となる。1990年から2016年にかけての為替レートの長期趨勢は円高基調であり，輸入額は285億ドルの大幅増加となった。同じ期間に輸出額の増加は44億ドルであり，入超額が膨らんだことはすでに見たとおりである。

表12-1　農林水産物・食品の輸出・輸入

（単位：億ドル）

	1990年	2016年	増減
輸出	25.0	69.1	＋44.1
輸入	501.5	786.0	＋284.5
輸出－輸入	－476.5	－716.9	－240.4
為替レート	1ドル＝150円	1ドル＝109円	

資料：日本貿易振興機構『ジェトロアグロトレード・ハンドブック2017』。
注：1）林産物，たばこを含む。
　　2）為替レートは年平均による。

第12章　農産物の国際貿易とわが国の食料・農産物の輸入と輸出

　1970年代以降の円ドル相場の変化における最大の転換点が，1985年のプラザ合意以降の急激な円高である。1980年代前半のドル高，アメリカの「双子の赤字（貿易赤字と財政赤字）」を是正するために，主要国の蔵相・中央銀行総裁が秘密裏に会合をもち，ドル安と円高・マルク高に誘導するよう市場介入することを取り決めた。この「プラザ合意」以降に，1ドル＝240円から120円台へと急激な円高が進んだ。

　1985年以降の円高を背景として，それまでの輸入農産物の主力であった穀物，飼料原料に加えて，加工品・調製品の輸入が激増した。1990年代に入ると牛肉，オレンジ・果汁が輸入枠拡大を経て完全に輸入自由化され，食肉，柑橘類・果汁の輸入が拡大した。その結果は，穀物，飼料作物だけにとどまらず，果実・野菜・畜産物を含めて食料自給率の全般的低下であり，食料自給率はカロリーベースで38％（2016年度）と先進国最低の危機的状況である。

食料・農水産物の主な輸入品目

　2016年における農林水産品・食品の輸入合計は786億ドル，その内訳は農産物が536億ドル，水産物147億ドル，林産物が103億ドルである[1]。ここでは，林産物およびたばこを除く食料・農水産物の主要な品目について，その特徴を述べる。

　食料・農水産物の輸入上位10品目を表12-2に示した。品目別にみると，豚肉（1位，41.7億ドル），牛肉（4位，26.7億ドル），鶏肉調製品（5位，19.3億ドル）といった食肉および同調整品が上位に入っている[2]。表示は略したが，鶏肉の輸入も11.1億ドルあり，これを合わせると99億ドル，農産物輸入の18.5％となる。また，生鮮・乾燥果実が3位（29.3億ドル）に入り，食肉・同調整品とともに，高付加価値産品が輸入の上位にずらりと並んでいる。

　1970年代に輸入品目の上位を占めていた穀物・飼料作物は，その順位を下げてはいるが，とうもろこし（2位），大豆（10位）が上位10品目に入っている。これに小麦（13.6億ドル），ナタネ（10.4億ドル）を加えた合計は70億

173

第Ⅲ部　課題編

表12-2　食料・農産物の主な輸入品目（2016年）

	品目	金額 (億ドル)	主要相手国のシェア（%，金額ベース）
1	豚肉	41.7	①アメリカ（30.7）②カナダ（20.7）③デンマーク（13.7）
2	とうもろこし	30.6	①アメリカ（74.7）②ブラジル（23.4）
3	生鮮・乾燥果実	29.3	①フィリピン（29.6）②アメリカ（28.0）③NZ（9.5）
4	牛肉	26.7	①オーストラリア（54.4）②アメリカ（38.0）
5	鶏肉調製品	19.3	①タイ（63.3）②中国（36.0）
6	エビ	18.4	①ベトナム（19.0）②インド（17.6）③インドネシア（15.8）
7	マグロ・カツオ	17.3	①台湾（21.2）②中国（13.5）③韓国（10.2）
8	サケ・マス	16.4	①チリ（52.8）②ノルウェー（26.6）③ロシア（10.5）
9	冷凍野菜	15.6	①中国（46.7）②アメリカ（25.7）③タイ（7.5）
10	大豆	15.3	①アメリカ（68.4）②ブラジル（15.0）③カナダ（14.7）

資料：表12-1に同じ。

ドル，農産物輸入の13.1%である。

　日本の食卓になくてはならない水産物もその多くを輸入している。エビ（6位，18.4億ドル），マグロ・カツオ（7位，17.3億ドル），サケ・マス（8位，16.4億ドル）が上位10品目に入っている。

　これらの多種多様な食料・農水産物はどこからやってくるのか。2016年の輸入相手国の上位は，①アメリカ（18.5%），②中国（13.6%），③タイ（6.1%），④カナダ（6.0%），⑤オーストラリア（5.7%）の順となり，上位5カ国で農林水産物・食品全体の49.8%を占める（金額ベース）[3]。

　大塚茂は，わが国の食料・農水産物輸入品目を北米型とアジア型の2つに大別して，その特質を明らかにしている。北米型とはアメリカ・カナダからの輸入が50%を超える品目であり，アジア型とはアジア地域からの輸入が50%を超える品目のことをいう[4]。オーストラリア，ブラジルも，「新大陸型」の巨大規模・土地利用型農業という点で北米型に準ずるものであり，本章では北米型に含めて述べることにする。

　表12-2に主要相手国のシェアを金額ベースで示した。北米型にあたるのは，豚肉（1位），とうもろこし（2位），牛肉（4位），大豆（10位）で，いずれも穀物・飼料作物と食肉である。対照的にアジア型に属するのは，鶏肉調製品（5位），エビ（6位），マグロ・カツオ（7位），冷凍野菜（9位）である（冷凍野菜と冷凍調理食品の輸入は第3節を参照）。要するに，アジア

型品目の特徴は，水産物と膨大な手労働によって生産される加工品・調整品であり，その多くが外食産業の食材として利用されている。

食料・農水産物の主な輸出品目

2016年の農林水産物・食品の輸出額は69.1億ドルで，2014年58.0億ドル，2015年61.6億ドルとこの間増加を続けている。その内訳は，農産物42.3億ドル，水産物24.3億ドル，林産物2.5億ドルと，農産物と水産物が大半を占める。食料・農水産物の主な輸出品目を**表12-3**に示す。

表12-3　食料・農水産物の主な輸出品目（2016年）

	品目	金額(億ドル)	主要相手国
1	ホタテ貝	5.1	①中国②韓国③香港
2	アルコール飲料	4.0	①アメリカ②韓国③台湾
3	真珠	2.8	①香港②アメリカ③中国
4	ソース混合調味料	2.5	①アメリカ②台湾③韓国
5	清涼飲料水	1.8	①香港②アラブ首長国連邦③アメリカ
6	菓子	1.5	①香港②台湾③アメリカ
7	サバ	1.5	①タイ②エジプト③ガーナ
8	播種用の種等	1.3	①香港②中国③韓国
9	牛肉	1.3	①香港②カンボジア③アメリカ
10	ブリ	1.2	①アメリカ②香港③中国

資料：表12-1に同じ。
注：ホタテ貝は生鮮・冷蔵・冷凍・塩蔵・乾燥を含む。真珠は天然・養殖を含む。

主要輸出品目の特徴は，水産物が多いことである。ホタテ貝（1位），真珠（3位），サバ（7位），ブリ（10位）がそれを示している。もう一つの特徴は加工食品・飲料であり，アルコール飲料（2位），ソース混合調味料（4位），清涼飲料水（5位），菓子（6位）が上位に入っている。

主な輸出先は，香港（1位，24.7％），アメリカ（2位，13.9％），台湾（3位，12.3％），中国（4位，12.0％），韓国（5位，6.8％）である。アメリカ以外はいずれも東アジアであり，東アジアの国・地域が輸出に占めるシェア合計は55.8％である[5]。

3　国際農産物市場と多国籍アグリビジネス

高値定着・変動期に入った国際穀物市場

　国際農産物市場は，農産物ごとに異なる性格をもつ市場から構成されている。ここでは，農産物貿易の中で重要な穀物をとりあげ，国際穀物市場の特質と最近の状況について説明する。

　国際穀物市場の特徴は，主要輸出国が数カ国と限られていることである。世界の主な小麦輸出国は，①アメリカ，②カナダ，③EU，④オーストラリアである。また，とうもろこしの輸出国はアメリカが最大であり，ブラジルがこれに次いでおり，この2カ国で9割以上を占めている。供給面では主要輸出国における作柄の変動の影響が大きい。

　第二次大戦後の世界の穀物需給をみると，人口増加や経済成長による食料需要の増加に対して，収量増加による食料生産の増大でおおむねまかなってきた。とはいえ，1970年以降，2度の世界的な穀物需給の逼迫，価格高騰を経験した。穀物の安定的な供給には安定在庫水準（17〜18％）が必要であり，これを下回ると供給不安，需給のひっ迫から価格が高騰する。

　1回目は，1973から74年にかけての世界的な穀物価格高騰である。異常気象にともなう不作，家畜飼料の不足から，ソ連（当時）がアメリカから穀物を大量に輸入した。これを引き金にシカゴ商品取引所の先物価格が高騰し，世界的な食料危機となった。おりからの第一次石油危機も重なり，食料とエネルギーの危機が日本経済を直撃し，インフレと不況の同時進行となった。このときに，アメリカ政府は国内物価の高騰を防ぐために大豆の輸出禁止措置をとり，日本をはじめ大豆輸入国に大豆製品や飼料価格の高騰といった深刻な影響を与えた。

　2回目は，2006年以降の世界的な穀物価格高騰と食料危機である。その要因として，①BRICsなど新興経済国の経済成長にともなう食料需要の増加，②バイオ燃料の生産急増による米国産とうもろこしの需給ひっ迫（食料か燃

料か), ③地球的規模での気候変動による主要穀物輸出国で発生した干ばつ・不作, ④ヘッジファンドなどの投機マネーが穀物市場に流入したこと, があげられている。この中でいくつかの途上国では穀物価格の高騰, 食料不足から, 政府への抗議行動や暴動などの政情不安が起きている。日本では, 円高と重なったため, 国際穀物価格の高騰の影響が緩和されたが, それでも原料価格の高騰から, 飼料や加工原料の価格が上昇して, 畜産部門や食品メーカーの経営に影響を与えた。また, 農業生産に必要な化学肥料の需要が増えて, 化学肥料の価格が上昇するという影響もあった。

その後の穀物価格はやや低下したとはいえ, 2006年以前の2倍前後で推移している。世界の穀物市場は高値が定着し, 先行きが不透明な変動期に入り, それが現在も続いているといえよう。

農産物貿易を動かす多国籍アグリビジネス

貿易は国と国との間の商品の取引であるが, じっさいに輸出・輸入の業務を担っているのは商社などの企業である。国境を超えての事業の展開, 海外に子会社や事業所・工場を展開する直接投資がさかんになった。たんに商品を輸出・輸入するだけではなく, 直接投資により海外の子会社・工場で生産した製品や部品を, 本国や第3国に輸出することが増えている。いわば「直接投資が貿易を作り出す」ことが起きている。また, 子会社で生産した部品・半製品を母国の親会社に輸出する「企業内貿易」が拡大しており, これも「直接投資が貿易を作り出す」ことの事例である。その点で, 貿易をみるうえで, グローバルに事業展開している多国籍企業の活動が重要である。多国籍企業のなかには, 一国のGDPをはるかに超える販売額の企業も出現している。

食料・農産物の貿易を担っているのは, 多国籍化したアグリビジネス企業である。穀物・飼料作物の貿易では巨大穀物商社（穀物メジャー）の活動が重要であり, 輸出国において農産物を農家から集荷し, 調製, 保管, 輸出港への運搬, 船積みなどの輸出業務を一手に担っている。穀物メジャーが注目されるようになったのは, 1973-74年の世界的な穀物価格高騰時であった。

ダン・モーガンによれば，この時期の代表的な穀物メジャーは，カーギル，コンチネンタル・グレイン，ルイ・ドレイファス，ブンゲ，アンドレの各社であった(6)。

「アメリカが国際穀物市場において圧倒的な地位を占めたのは，……広大な内陸の穀倉地帯から膨大な数量の穀物を集荷し，貯蔵し，輸送し，港湾から船積みして輸出する，効率的で近代的な流通システムが存在するからである。この集荷・貯蔵・運搬・船積みの物流システムと施設をがっちりと押えているのが五大穀物商社である」(7)。

1980年代に巨大穀物商社は穀物加工部門，食肉部門に進出し，穀物貿易にとどまらず，加工・流通を統合した多国籍アグリビジネスへと変貌を遂げている。磯田宏によれば，アメリカの穀物流通・加工部門における再編過程を通じて，穀物の流通と輸出において最上位企業であり，穀物加工と畜産においても最上位を占める「多角的・寡占的垂直統合体」が出現した，と規定している。1990年代後半においては，カーギル，ADM，コナグラ，ブンゲなどが代表的な企業である(8)。

穀物メジャーの最大手企業，カーギル社を例に多国籍アグリビジネスのグローバルな事業展開をみると次のとおりである。第二次大戦後，穀物メジャーの筆頭となったカーギル社は1970年代以降，農産物の一次加工分野に進出し，穀物製粉，飼料生産，大豆・とうもろこし加工，肉牛の肥育と食肉処理・加工などの分野で支配的な地位を確立した。その他にも，化学肥料，種子などの農業資材部門，金融や資産運用サービスなどの分野に進出した。カーギル社は世界70カ国で事業を展開する多国籍企業であり，売上総額は1,147億ドル（約13兆円）にのぼる(9)。

果実・野菜・花きなどの生鮮品，ワインなどの高付加価値産品の貿易もさかんになっている。高付加価値産品の貿易と多国籍企業の活動を分析することは重要な課題である(10)。

アジアからの開発輸入―冷凍野菜,調理冷凍食品を事例に

　わが国の食料・農水産物の輸入を見る上で重要なことは,日本企業が海外に進出して,日本市場向けの農水産物や食品を現地で開発,生産して,日本に輸出する(日本側からみると逆輸入)開発輸入が大きな役割を果たしていることである。

　開発輸入とは,「出来合いの製品を買い付けるのではなく,輸入する側が輸入先に製品の仕様をもちこんで,これに基づいて生産された製品を輸入する方式のこと」であり,「アジア地域から輸入される食品は,日本人が食べるために日本企業の関与のもとで生産される特別の製品」といえる[11]。開発輸入は直接投資が貿易を作り出すことの日本的形態として発展してきた。その軌跡を概観すると次のようになる。

　冷凍食品メーカーの海外進出が本格化したのは1980年代後半からである。プラザ合意以降に急速に進んだ円高は,日本企業の海外への直接投資を促進した。主な受け入れ国となったのはタイと中国である。受け入れ国側での外国企業誘致政策も手伝って,冷凍食品メーカーは現地企業との合弁,協力工場への生産委託などの形態で在外生産を拡大していった。

　冷凍食品メーカーのアジア進出にともない,冷凍野菜および調理冷凍食品の輸入が急速に増えた。冷凍野菜の輸入は1980年14万tから,1990年31万t,そして2000年には74万tへと20年でおよそ5倍に増えた。その後,残留農薬

表12-4　冷凍野菜の輸入

	冷凍野菜輸入量 (万t)	同輸入金額 (億円)
2000	74.4	950
2010	82.9	1,117
2011	89.9	1,202
2012	95.2	1,331
2013	92.4	1,572
2014	90.8	1,720
2015	91.2	1,876

資料:『冷凍食品年鑑』各年次(冷凍食品新聞社)。

第Ⅲ部　課題編

表12-5　調理冷凍食品の輸入

	調理冷凍食品輸入量 （万t）	同金額 （億円）
1997	8.5	406
2000	12.8	532
2005	29.1	1,318
2010	22.8	927
2011	24.6	1,091
2012	27.4	1,228
2013	28.3	1,425
2014	26.1	1,358
2015	25.0	1,409

資料：表12-4に同じ。

問題などで輸入量はやや減少したが，金額は増加を続けており，2015年には91万t，金額は1876億円に達している。国別では，1位中国（876億円），2位アメリカ（464億円），3位タイ（134億円），4位台湾（87億円）が主な輸入相手国である[12]。

　調理冷凍食品の輸入を示したのが**表12-5**である。輸入量は1997年8.5万t，406億円から，2005年にはそれぞれ29万t，1,318億円へと急増した。その後中国製造の冷凍ギョウザ事件などがあり，2010年の23万t，927億円まで減少した。その後数量は横ばい，金額は増加し，2015年では25万t，1,409億円である。国別では，1位中国（709億円），2位タイ（607億円），3位ベトナム（60億円）で，中国とタイがほとんどを占めている。

　冷凍野菜と調理冷凍食品の輸入金額を合わせれば3,285億円になる（2015年）。同じ年の冷凍食品の国内生産量は152万t，生産額6,870億円であり（冷凍野菜を含む），輸入規模はその半分近くの48％に達する。

4　農産物貿易の国際協定・枠組み─WTO，FTA，そしてTPP─

　農産物貿易の国際的な枠組みである国際協定について述べる。第二次大戦後の代表的な貿易協定がGATT（関税と貿易に関する一般協定）である。1930年代に主要国が経済ブロック化と保護貿易に傾斜したことへの反省から，

第12章 農産物の国際貿易とわが国の食料・農産物の輸入と輸出

　GATTでは自由・互恵・無差別の原則を掲げて，関税引き下げをめざして多角的貿易交渉を行ってきた（○○ラウンドという）。

　GATTウルグアイラウンド（1986-94年）では農産物の関税引き下げ，輸出補助金の削減，国内支持の削減が重要な焦点になった。その背景にあったのは，当時国際穀物市場が過剰と価格低迷基調にあり，アメリカとEUの輸出補助金が大きな問題になっていたことである。長期にわたる交渉の結果，農産物に対する関税を平均36％削減，非関税措置（輸入数量制限など）を関税に転換し（関税化），国内支持の20％削減，輸出補助金を金額で36％，数量で21％削減することなどを取り決めた。このとき，日本のコメは関税化しなかったが，その代償として最大8％のミニマムアクセス（最低輸入義務量）を設定した。その後1999年にコメを関税化して，現行の関税割当制（TRQ）に移行した（ミニマムアクセス枠は継続）。関税割当制とは低率関税で輸入する数量を設定し，それを超える輸入に対しては高率の二次関税を課す制度である。低率関税で輸入するミニマムアクセス枠は年77万t，国内消費量900万tの8.6％に相当する。

　GATTに代わる国際機関として，1995年にWTO（世界貿易機関）が設立された。WTOのもとでの初の多角的貿易交渉であるドーハラウンドが2001年に開始されたが，先進国対途上国の意見の対立など議論がまとまらず，「漂流」状態が続いている。こうした状況のもとで，二国間のFTA（自由貿易協定），EPA（経済連携協定）を各国が追求するようになった。その理由は，FTAが二国間の交渉であることから，複雑に利害がからむ多国間交渉に比べて調整がしやすく，比較的短い期間でまとめられることである。とはいえ，FTA/EPAは2国間で関税引き下げ，投資自由化を進める仕組みであり，自由・互恵・無差別を掲げるGATT/WTOの多国間交渉の原則に抵触し，GATT協約上は，地域経済統合への移行措置としてのみ認められていた。

　世界で初の大規模なFTAが，アメリカとカナダの米加自由貿易協定である（1989年発効）。これにメキシコが加わりNAFTA（北米自由貿易協定）が1994年に発効した。米加自由貿易協定は10年間で関税および非関税障壁の

181

撤廃を取り決め農産物に適用したが，牛乳・乳製品，鶏卵，鶏肉などの重要な農産物については貿易自由化の適用除外とし，NAFTAもこれを継承した（アメリカ・メキシコ間の農産物貿易については適用除外を認めなかった）。日本は，メキシコ，タイ，フィリピンなどとの間でFTA・EPAを締結している。そこでもコメなどの農産物は貿易自由化の適用除外としている。

さて，近年大きな議論を呼んだTPP（環太平洋経済連携協定）は，12カ国が参加する「メガFTA」であり，内容的にもこれまでのFTAと異なるものを含んでいる。もともとTPPは2006年に発効した4カ国（シンガポール，ブルネイ，ニュージーランド，チリ）による経済連携協定（EPA）である。いずれも人口が少なく，貿易依存度の高い国が，関税撤廃や非関税障壁の縮小をめざした協定であった。

2010年にアメリカ，オーストラリア，ベトナム，ペルー，マレーシアが交渉に参加して，TPPは大きく拡大した。とくにアメリカの交渉参加はTPPの性格を根底から変えるもので，アメリカによる「TPPジャック」とまで言われた。日本は2010年から11年に民主党政権（当時）が参加方針を表明し，国内で推進論と反対論の激しい対立となった。その後曲折を経て，交渉国間の大筋合意と2016年2月の署名を経て条文が確定した。ここから各国議会でTPP協定批准の議論に局面が移り，日本ではとくに農産物に関する国会決議（2013年）との整合性が問題になった。

ところが，「米国第一」を掲げるトランプ大統領は，2017年1月にTPPからの離脱を表明して，大きな衝撃を与えた。同時にNAFTAの再交渉を表明した。TPP参加を推進してきた日本の歴代政権は完全に梯子を外された形となった。その後，日本政府は米国抜きでは意味がないとしていた方針を一変させ，米国抜きのTPP11協定の交渉を推進し，2017年11月「大筋合意」にこぎつけた。

TPPはこれまでのFTA/EPAと異なる特徴をもっている。①農産物の重要品目も含めて例外なく関税撤廃，自由化の対象とすること，②「投資家対国家の紛争解決条項（ISDS）」に示されるように，グローバル企業の投資を保

護し，国家や地方自治体の権限を侵す項目を含むこと，である。

　日本農業への影響について言えば，国会決議（2013年）であげた「重要5品目（コメ，麦，牛肉・豚肉，乳製品，砂糖・でん粉）」の多くが関税撤廃の対象となった。主食用米は現行のミニマムアクセス枠77万tに加えて，7.84万tの特別輸入枠を設ける（13年目）。とくに影響が大きいのは畜産物であり，牛肉・豚肉の多くの品目は関税を撤廃し，牛肉本体の関税は現行38.5％から9％（16年目）へ，豚肉の従量税は現行482円（キログラム当たり）から50円（10年目）へと，「事実上の関税撤廃に等しい」ところまで引き下げることとした[13]。

　米国抜きのTPP11協定だが，貿易交渉に及ぼす影響は小さくない。各国とのFTA/EPA交渉においては，「日本への要求の下限として作用」し，「日本が世界に向けて関税の削減・撤廃を行う新たな出発点」となった[14]。最近の日欧FTAにおいてもTPPなみの措置が盛り込まれた。

　2018年9月，日米両政府は日米物品貿易協定（TAG）の交渉に入ることを合意した。TAGは内容からしてFTAと何ら変わりがないものであり，ここでもTPP11協定が「関税の削減・撤廃を行う新たな出発点」となって，そこからさらに踏み込んだ内容を米国が要求すると観測されている。日本農業に大きな影響を及ぼすものであり，今後の動向を注視しなければならない。

注
（1）日本貿易振興機構『ジェトロアグロトレード・ハンドブック2017』6～7ページ。
（2）食肉調整品とは，食肉を原料とし，加熱調理，または味付けした製品や半加工品のことである（同上，142ページ）。
（3）同上，6～7ページ。
（4）大塚茂『アジアをめざす飽食ニッポン―食料輸入大国の舞台裏―』（家の光協会，2005年）9～11ページ。
（5）前掲『ジェトロアグロトレード・ハンドブック2017』3ページ。石塚哉史「農産物・食品輸出の現段階的特質と展望」（『農業市場研究』第25巻第3号（2016年12月））。
（6）ダン・モーガン『巨大穀物商社―アメリカ食糧戦略のかげに―』（日本放送出

第Ⅲ部　課題編

版協会，1980年）．
(7) 石川博友『穀物メジャー─食糧戦略の「陰の支配者」─』（岩波新書，1981年）．
(8) 磯田宏『アメリカのアグリフードビジネス─現代穀物産業の構造分析─』（日本経済評論社，2001年）．
(9) ブルースター・ニーン（中野一新監訳）『カーギル─アグリビジネスの世界戦略─』（大月書店，1997年），およびカーギル社の年次報告書（Cargill 2018 Annual Report）による．
(10) UNCTAD, World Investment Report 2009 は，途上国における農業開発との関係で，高付加価値農産物の輸出と多国籍企業の関係を分析している．
(11) 大塚茂「冷凍食品生産拠点のアジア展開」，大塚茂・松原豊彦編『現代の食とアグリビジネス』（有斐閣，2004年）163ページ．
(12) 『冷凍食品年鑑2017』（冷凍食品新聞社，2017年）．
(13) 東山寛「TPPと農業」（田代洋一編著『TPPと農林業・国民生活』筑波書房，2016年）65ページ．
(14) 田代洋一「TPP交渉の本質をどうみるか」（田代洋一編著『TPPと農林業・国民生活』筑波書房，2016年）32ページ．

用語解説 ･･･

円高・円安
　変動相場制のもとで，通貨同士の交換比率（為替レート）は市場での取引状況によってたえず変化する．円高とはドルに対して円が高くなることで，たとえば1ドル＝150円から100円に変化したことである．この場合，輸入価格は下がり，輸入が増える．

多国籍アグリビジネス
　アグリビジネスとは農業関連産業（資材，農業生産，農産物加工，流通，外食）において事業を行っている企業のことである．その活動が一国内にとどまらず，複数の国において事業活動を行う企業のことを多国籍アグリビジネスという．

事後学習（さらに学んでみよう，調べてみよう） ･････････････････････････

（1）わが国から輸出する食品・農水産物について，最近輸出が伸びている品目と政府や業界による輸出促進政策について調べてみよう．
（2）穀物商社はどのような事業活動を行っているのか，カーギルなどについて調べてみよう．
（3）開発輸入について，冷凍野菜や調理冷凍食品から品目を一つ選んで，輸出国

における生産や日本における利用状況を調べてみよう（例として，焼き鳥，エビ，揚げナスなど）。

[松原豊彦]

第13章　食品の安全性と消費者の信頼確保

事前学習（あらかじめ学んでおこう，調べておこう）

（1）食品の安全性に関わるニュースを，新聞等から探してみよう。
（2）食品を購入するとき，何を重視して購入しているだろうか。価格，産地，食品添加物など，自分の購入基準を客観的に観察してみよう。
（3）食品のパッケージにはどのような情報が記載されているか，表示を詳しくみてみよう。

キーワード

　生産と消費の乖離，食品の安全性，リスク，トレーサビリティ，食品安全基本法

1　食品の安全性とは

　食品関連の事故・事件は，しばしば食の安全・安心問題として議論される。しかし，同列に並べられている食品の安全と安心は，同じ意味をもつのだろうか。ここでは，まず安全・安心という用語の整理をしてみよう。

　安全な食品とはなんだろうか。一般的には，人の健康に悪影響を及ぼさない食品である。しかし，体に害をまったく与えない食品はあるのだろうか。料理に欠かせない塩や砂糖であっても，量を摂りすぎると健康被害につながることがある。このことからわかるように，食品の安全性の問題は，食品に絶対的な安全を求めることは困難であるということを理解するところから始めなければならない。では，改めて安全な食品とはどのように考えればよいのであろうか。

　今日，食品の安全性は，多くの場合リスクという視点から整理されている。リスクは「食品中にハザード[1]が存在する結果として生じるヒトの健康への悪影響が起きる可能性とその程度（健康への悪影響が発生する確率と影響の程度）」[2]と定義され，後述する科学的根拠に基づいたリスク評価（リスクアセスメント）によって客観的に推定される。したがって，今日のわが国における安全な食品とは，リスクが社会的に許容可能な水準に抑えられている状態の食品を指す。

　一方，食に関わる安心については，明確な定義はなく，様々な意味で曖昧に使用されることが多い。辞書をみると，安心とは，「心が安らかに落ち着いていること。不安や心配がないこと。また，そのさま」[3]とされており，個々人の心の動きに影響される主観的な概念である。実際，近年の食品関連事故・事件の中には，安全性に関するリスク（健康への悪影響が生じる確率）は低いにも関わらず，偽装や不正表示といった行為によって，食品に対する消費者の不安が増長されている場合もある。この場合，消費者の不安をかきたてているのは，偽装や不正表示を行う企業の信頼度や，その前提となっている

リスクの程度，その安全がどのように担保されているかという安全の度合いである[4]。

したがって，安心という消費者の主観的評価を成り立たせるためにも，まず食品の安全性の確保と，食品を取り巻くさまざまな環境条件への信頼を構築することが重要であると考え，この章でも主にこの点に焦点をあてていく。また，食品の安全や信頼の確保の取り組みについては，HACCP等個別の民間事業者が行うものもあるが，本章では，主に国としての取り組みについて詳しくみていく。

2 流通過程と食品の安全性

食品の安全性とその信頼に関する問題は，食品流通のあり方と大きく関わっている。流通過程は，乖離した生産と消費を再結合する過程であるが，食品の生産と消費の乖離のあり方は近年大きく変化してきた。

輸入食品の増加は，生産地と消費地の空間的乖離を拡大させ，加工食品の増加や保存技術の向上等により生産と消費の時間的乖離も大きくなっている。こうした生産と消費の乖離の拡大は，いわゆる「顔が見える関係」での取引を難しくし，消費者は誰がどのように食品を生産，加工し，流通させているのかわからないまま，商品に表示された情報だけを頼りに食品を購入していく。また，腐敗や変質しやすく形状や品質のばらつきの大きい農水産物・食品は，生産と消費の空間的，時間的乖離によって発生する品質の劣化防止や需給調整のための食品添加物の利用，様々な**ポストハーベスト処理**等が行われることがあるが，それが人の健康へのリスクを高める可能性も否定できない。例えば，保存料に代表されるように，元来，食品添加物は食中毒の防止等食品が人体に及ぼす害を防ぐことを目的に開発されてきた歴史がある。しかし，現代社会においては，需給調整と広域・大量流通を可能とする手段，あるいは食品の美化や付加価値創出の一手段としての意味合いが極めて高くなってきている。正しく使用されていれば個々の食品添加物の安全性は担保

されているとされているが，複数の添加物を使用した場合のリスク，長期間摂取し続けた時のリスク等，十分提示されているとはいえない。

　生産サイドにとっても，消費者の姿が見えないため，自分たちの生産する食品が消費者の命の糧となっているという認識が弱まり，単なる利益商材となってしまう危険も生じてくる。

　食品の安全性の問題の背景には，こうした流通過程の変化があることをまず認識しておく必要があるだろう。

3　食品の安全性問題と食品安全行政

これまでの食品の安全性をめぐる問題と食品安全行政

　近年，食品の安全性をめぐる問題への消費者の関心が高まっている。しかし，その背景にある食品関連の事故・事件の発生は，最近始まった新しい現象ではない。食品中の有害微生物による食中毒等の健康被害の発生は，古くから私たちの身近なものであった。化学物質による健康被害も，着色料としての緑青等食品添加物による食中毒の発生が明治初期，すでに大きな社会問題としてとりあげられていた。そのため，とくに第二次世界大戦以後，食品衛生法（1947年），農薬取締法（1948年），農林物資の規格化等に関する法律（1950年）等の制定によって，食品の安全性を確立する仕組みが構築されてきた。

　1950年代半ば以降の高度経済成長期には，経済成長の推進力であった重化学工業分野から排出された有害物質が農水産物を汚染し，それらを摂取することによって発生した水俣病やイタイイタイ病等が大きな社会問題となった。また，食品製造過程における有害物質汚染として森永ヒ素ミルク中毒事件も発生した。これらをきっかけに，食品衛生法改定（1957年，1972年）や農薬取締法改定（1963年），さらに消費者保護基本法（1968年），農林物資の規格化及び品質表示の適正化に関する法律（JAS法）（1970年）[5]等が整備され，消費者保護のための食品の安全性の確保が図られてきた。

その後，1985年のプラザ合意以降の円高基調の中，ガット・ウルグアイラウンド交渉を通じて，わが国は農林水産物や食品の輸入を急増させた。農産物や食品の輸入急増にともない，輸入ワインの有害物質汚染やアメリカ産輸入かんきつ類の残留農薬等，輸入農水産物・食品の有害物質汚染が表面化した。1995年にはWTO協定が発効し，わが国の農水産物や食品の市場はますますグローバル経済の中に組み込まれていった。

食品安全行政もその影響を受け，方向転換していくこととなる。その1例として，1995年の食品衛生法改定があげられる。この改定で，貿易の非関税障壁のひとつにもなりえる食品添加物規制の見直しや，輸入食品に対する手続きの迅速化が図られる等，食品の安全性確保のためにこれまで設けられてきた規制の緩和が行われた。

一方で，輸入食品の急増や食の外部化の進展にともなう食の多様化，食と農の乖離の深化は，消費者の食品表示への依存を高めていった。そのため，JAS法の改定が1993年と99年に行われる等，食品表示を通じた食品の信頼性に関する法制度整備も進められた。

2000年代以降の食品の安全性問題と食品安全行政

そして，2000年代に入り，再び食品の安全性が大きく揺らぎ始めた。その大きな契機は，2001年，日本国内において初めて報告されたBSE感染牛問題である。BSE（Bovine Spongiform Encephalopathy）とは，牛海綿状脳症のことで，BSEプリオンに感染した牛の脳の組織がスポンジ状になり，異常行動などを示し死亡するとされるものである。日本国内では，最終的に2009年までの間に36頭の感染が報告された。また同じ2001年に中国産冷凍ホウレンソウから残留農薬基準値を超える農薬（クロルピリホス等）が発見されたことから，国内での食品に対する不安が一層高まることとなった。その他，2002年に無登録農薬の国内流通が発覚し，該当農薬を使用した国産農産物の大規模な回収や廃棄が行われる事案や，2007年末から2008年初頭にかけて明らかになった中国産冷凍餃子による有機リン中毒事件等，国産か輸入かを問

わず，食品の安全性を脅かす問題が相次いで発生した。

　これらの問題の中には，安全性を脅かしたのみならず，信頼性を揺らがす問題に拡大したものも少なくない。例えば，BSEの発生以後，政府がBSE対策として行った国産牛肉の買い上げ制度を悪用し，輸入牛肉を国産牛肉と偽り約2億円の補助金を搾取した企業が発覚した。

　BSE問題は食品安全行政に大きな変化をもたらした。その1例として「トレーサビリティ」という考え方が広く知られるようになった。トレーサビリティとは追跡可能性のことであり，食品の場合，農水産物や加工食品などが，どこから来てどこへ行ったか「移動を把握できる」ことをいう[6]。国産牛肉については，2004年制定の牛トレーサビリティ法（牛の個体識別のための情報の管理及び伝達に関する特別措置法）により，生産，加工，流通の各段階での記録の作成・保存が義務付けられるようになった。

　2011年以降は，2011年3月11日の東日本大震災にともなって発生した福島第一原子力発電所事故に起因する放射性物質による食品汚染が大きな社会問題となった。3月19日に福島県内の農場の生乳から暫定規制値を超える放射性物質検出され，飼料として供与された稲わらや乾燥牧草の管理強化が行われたが，7月に福島県産牛肉から暫定規制値を超える放射性物質（セシウム）が検出される等の事象が相次いだ。これに対して，政府は，1999年に制定された原子力災害対策措置法のもと，規制基準値を設定し，厚生労働省で定めたガイドラインに基づいて地方自治体が計画的に検査を実施し，その結果はホームページで公表されている。

　2013年には，有名ホテルでメニュー表記と異なる食材を提供していることが発覚したことを皮切りに，全国のホテル，百貨店，レストラン等で同様の問題が表面化した。メニュー表記に示された食材より安価な食材を使用し，不当な利益を得ていたとされるこれらの問題は，景品表示法が禁止する優良誤認の表示[7]に当たるものである。こうした問題に対して，2014年に景品表示法が改定され，優良誤認表示や有利誤認表示の違反に対する課徴金制度が導入された。さらに，2018年には食品衛生法が改正され，HACCPにそっ

た食品衛生管理の制度化や，食品リコール情報の報告制度等が今後実施されることになる。

　以上みてきたように，頻発する食品安全性問題の一方で，食品の安全性や食品を提供，販売する企業の信頼性を担保するため，政府は様々な対策を講じてきた。とくに2000年以降は，**表13-1**に示すとおり，迅速で抜本的な対策に取り組んできている。2003年の**食品安全基本法**制定とそれにともなう内閣府食品安全委員会の設置や農林水産省における消費・安全局の設立，2004年の消費者基本法制定，2009年の消費者庁発足等，国民・消費者の保護，とくに健康の保護を主な目的とした食品安全行政の構築が進められている。

4　食品の安全性確保のための仕組み

食品安全基本法

　現在，食品安全行政の中核に位置づけられているのは，2003年に制定された食品安全基本法である。

　「食品の安全性の確保に関するあらゆる措置は，国民の健康の保護が最も重要であるという基本的認識の下に講じられなければならない」という基本理念のもとに構成されている。その第4条には「農林水産物の生産から食品の販売に至る一連の国の内外における食品供給の行程におけるあらゆる要素が食品の安全性に影響を及ぼすおそれがあることにかんがみ，食品の安全性の確保は，このために必要な措置が食品供給行程の各段階において適切に講じられることにより，行われなければならない」と明記されている。また，第22条で内閣府に食品安全委員会を設置することが定められ，第24条では食品衛生法，農薬取締法，肥料取締法，家畜伝染病予防法，飼料の安全性の確保及び品質の改善に関する法律，と畜場法，薬事法[8]，農用地の土壌の汚染防止等に関する法律，牛海綿状脳症対策特別措置法等の改定に当たっては食品安全委員会の意見を聴かなければならないとしている。これらは，これまで批判されてき食品安全行政における省庁間の縦割り問題を解消し，食品

第13章　食品の安全性と消費者の信頼確保

表13-1　2000年代以降の食品の安全性や信頼の問題と政府の対応

年	月	食品の安全性や信頼に関わる主な事項	政府の対応
2001年	9月	国内で初めてBSE感染牛が発見	
	12月	中国産輸入冷凍ホウレンソウの残留農薬問題	
2002年	2月	食肉関連企業の輸入牛肉の国産偽装による補助金搾取事件	
	5月	無認可添加物の流通・使用問題	
	8月	無登録農薬の国内流通・使用問題	
	9月		食品衛生法改定（違反となる恐れが高い特定の国，地域，製造者による食品の製造・販売・輸入の包括的禁止制度導入等）
	12月		農薬取締法改定（無登録農薬の製造及び輸入の禁止，法律違反に対する罰則強化等）
2003年	6月		食品衛生法改定（残留農薬のポジティブリスト制導入規定，食品等の監視・検査体制の強化，食中毒事故等への対応強化）
			農薬取締法改定（販売違反に対する農水省の命令権，農薬登録と残留農薬基準の整合性等）
			牛の個体識別のための情報の管理及び伝達に関する特別措置法（牛肉トレーサビリティ法）成立
	7月		食品安全基本法制定及び食品安全委員会発足
2004年	1月	国内で高病原性鳥インフルエンザ発生	
	6月		消費者基本法成立（消費者保護基本法改定・改称）
2006年	5月		残留農薬等のポジティブリスト制施行
2007年		牛肉ミンチの原料表示偽装，食肉の原産地表示・品質表示偽装，菓子等賞味期限・消費期限の不正表示等，複数の食品表示問題の発覚	
2008年	1月	中国産輸入冷凍ギョーザによる有機リン中毒事件	
	9月	米販売加工業者による非食用米穀の食用転売事件	
		中国からの輸入加工食品へのメラミン混入	
2009年	9月	外食チェーンで食肉の不十分な加熱によるO157食中毒発生	消費者庁発足
2011年	3月	東京電力（株）福島第一原発事故後の放射性物質問題	食品中の放射性物質の暫定規制値の設定
	4月	焼き肉チェーン店でユッケ食中毒死亡事件	
	10月		生食用牛肉の規格基準設定
2012年	4月		食品中の放射性物質の規制値の設定
	7月		牛レバーの基準設定および生食用販売の禁止
	8月	浅漬けによるO157食中毒発生	
2013年		大手ホテルチェーンや百貨店におけるメニューの原材料名称や産地の虚偽表示や偽装表示事件の多発	
2014年	11月		景品表示法で，優良誤認表示・有利誤認表示を対象とする課徴金制度導入
	12月	インスタントカップ焼きそばへの異物混入	
2015年	4月		食品表示法制定
2016年	1月	廃棄カツの転売	
2017年	8月	惣菜が原因と疑われるO157食中毒の発生	
2018年	6月		食品衛生法改正

資料：厚生労働省資料，農林水産省資料，消費者庁資料及び農林水産政策研究所『危機管理プロジェクト研究資料第1号：食料・農業の危機管理に関する社会科学的アプローチ』（2004年）他より作成。

の安全性が農業及び食品とそれら関連産業全体の取り組みによってもたらされるものであることを明確にしている。さらに，食品の安全性に対する国，地方公共団体，食品関連事業者の責務と消費者の役割についてもそれぞれ明示しており，これまでにない食品安全に対する総合的な枠組みとして大きな意味をもつものである。

食品安全委員会

食品安全基本法の下，食品の安全を守るための中心的役割を果たすために設けられたのが食品安全委員会である。食品安全委員会は農林水産省や厚生労働省等からの独立性を保つために，内閣府に設置された。専門的知見をもつ7名の委員（常勤4名，非常勤3名）から構成され，その下に12の専門調査会が設置されている。専門調査会には，年間計画等を行う企画等専門調査会の他，農薬や添加物等化学物質系の5つの調査会や，微生物やプリオン等生物系の3つの調査会，遺伝子組み換え食品等新食品等の3つの調査会がある。健康増進法の下の特定保健用食品も新開発食品専門調査会で審議される。この他，特定の分野について集中的に審議を行ういくつものワーキング・グループが設けられている（2018年9月末現在）[9]。

リスク分析（リスクアナリシス）

食品の安全を守る仕組みは，リスク分析という考え方を基本としている。リスク分析は，リスク評価，リスク管理，リスクコミュニケーションから構成される（図13-1）。

リスク評価[10]とは，ハザード（危害要因）が人の健康に及ぼす影響を，科学的知見に基づいて評価することである。前述の食品安全委員会の専門調査会がそれぞれの担当するハザードのリスク評価を行っている。食品安全委員会は，設立以来2015年12月末までに約2,000件のリスク評価を行ってきた[11]。リスク評価の具体例としては，ある食品添加物のリスクを評価するために，動物を用いた毒性試験を行い，該当食品添加物をヒトが一生涯にわ

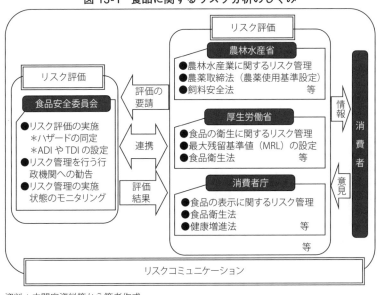

図13-1 食品に関するリスク分析のしくみ

資料：内閣府資料等から筆者作成。

たって毎日摂取し続けても健康被害がないと推定される一日当たりの摂取量（**ADI**）を設定すること等があげられる。

　そしてリスク管理とは，リスク評価の結果に基づいて行われる。リスク管理を担当する農林水産省や厚生労働省等が，地方公共団体や各地の関連機関，食品関連事業者や消費者団体，国際機関や学会等，すべての関係者と協議しながら，政策的観点からリスクを低減するための科学的に妥当で適切な措置を決定，実施していく。具体的には，基準や規格の設定や規制，またその有効性の検証等を行うことである。農薬の使用や家畜へ供与する飼料や薬品等，農林水産業に関するリスク管理については農林水産省が行う。一方，食品添加物や残留農薬等食品の衛生に関するリスク管理は，厚生労働省が担当する。国際的なリスク分析の枠組みにおいては，**コーデックス委員会**がリスク管理機関と位置づけられている。

そして，リスクコミュニケーションとは，リスク分析の過程で，行政機関，関連企業，消費者等のステークホルダーが情報と意見を交換することである。リスクコミュニケーションを行うことで，リスク管理やリスク評価を有効に機能させることが期待される。

5　食品の安全性をめぐるこれからの課題

以上みてきたように，近年，食品の安全性を担保するための様々な政策や仕組みが整備されてきている。今後求められるのは，そうした政策や仕組みに対する消費者の理解や信頼を高めていく方策である。

2015年4月に消費者庁が所管する食品表示法が制定され，これまで食品衛生法，JAS法，健康増進法等，複数の省庁，複数の法律に分散して取り決められていた食品表示のルールやガイドラインが，今後移行期間を経て整理，統合されることとなる。最初に述べたように，生産と消費の乖離が拡大した今日，私たち消費者が食品購買時に表示へ依存する度合いは高まっている。安全な食品とともに安心して生活するためには，政府の講じる安全性対策と同時に，消費者自身がそうした対策を食品表示等を通じて正しく理解することが求められている。

注
（1）ハザード（危害要因）とは，「ヒトの健康に悪影響を及ぼす原因となる可能性のある食品中の物質又は食品の状態」である。食品安全委員会「食品の安全性に関する用語集（第5.1版）」（2016年）5ページ。
（2）同上，5ページ。
（3）松村明編『スーパー大辞林3.0』（三省堂，2006年）。
（4）中嶋康博『食品安全問題の経済分析』（2004年）では，安心について安全度と安心度という言葉を用い説明している。安全度が客観的な尺度であるのに対し，安心度は主観的な尺度と区別し，安心度の構成要素を①安全度，②安全度の揺らぎ，③危険に対する主観的評価に求めている。
（5）農林物資の規格等に関する法律（1950年）の改定にともなう名称変更。

（6）前掲『食品の安全性に関する用語集（第5.1版）』73ページ。
（7）優良誤認表示とは，景品表示法で，事業者が，自己の供給する商品・サービスの取引において，その品質，規格その他の内容について，一般消費者に対し，①実際のものよりも著しく優良であると示すもの，②事実に相違して競争関係にある事業者に係るものよりも著しく優良であると示すもの，であって，不当に顧客を誘引し，一般消費者による自主的かつ合理的な選択を阻害するおそれがあると認められる表示を禁止している。消費者庁ホームページ等を参照。
（8）2014年の改定時に改称され，現在は医薬品医療機器等法（医薬品，医療機器等の品質，有効性及び安全性の確保等に関する法律）となっている。
（9）内閣府「食品安全委員会」（パンフレット）（2016年）及び，食品安全委員会ホームページ（http://www.fsc.go.jp/senmon/：最終閲覧2018年9月）参照。ワーキンググループ（WG）には，栄養成分関連添加物WG，清涼飲料水等に関するWG，食品による窒息事故に関するWG等がある。
（10）リスク評価は，食品安全基本法のなかでは「食品健康影響評価」と呼ばれている。
（11）前掲「食品安全委員会」（パンフレット）参照。

参考文献
［1］日本農業市場学会編『食品の安全性と品質表示』（筑波書房，2001年）。
［2］中嶋康博『食品安全問題の経済分析』（日本経済評論社，2004年）。
［3］日本フードスペシャリスト協会『改定食品の安全性』（健帛社，2009年）。
［4］横田茂永『新たなリスク管理と認証制度の構築―放射性物質による食品汚染の現実』（筑波書房，2012年）。
［5］小野雅之・佐久間英俊編著『商品の安全性と社会的責任』（白桃書房，2013年）。

用語解説・・

HACCP（Hazard Analysis and Critical Control Point）
　食品の衛生管理システムの1つであり，1960年代にアメリカで宇宙食の安全性を高い水準で保証するために構築された製造工程管理システム。食品の製造や加工の工程の中で発生可能性のある，異物混入や微生物汚染等のハザードをあらかじめ分析し，危害防止のポイントとなる工程を継続的に監視，記録することで，問題のある製品の生産や出荷を防止するシステム。

トレーサビリティ
　食品の生産，加工，流通の各段階で，商品や原材料の入荷と出荷に関する記録等を作成・保存する。保存される情報は，例えば生産段階では，生産者情報・

品種・栽培情報・収穫日時・出荷時刻等，加工段階では原料納入日時・受入責任者・品名・製造日・賞味期限等，流通段階ではまず輸送過程で商品の保管環境（温湿度等）・運送時間・取引会社名等，さらに販売過程でも納品日時・販売店・価格等の情報がそれぞれ追加保存される。この記録が食品事故等の問題があった際の迅速な回収や原因究明に役立つ。

食品安全基本法

　　食品の安全性を脅かす事故の発生，食生活を取り巻く環境の変化，食品の安全に対する国民の関心が高まっていること等をふまえ，2003年に制定された食品の安全性に関わる基本的な法律。消費者庁，内閣府が所管している。食品の安全性の確保と国民の健康保護が最重要であること，リスク分析の考え方の導入，リスク評価を行う食品安全委員会の設置等を規定した。

ADI（Acceptable Daily Intake）とTDI（Tolerable Daily Intake）

　　ADIとは許容一日摂取量のこと。残留農薬や食品添加物等，食品の生産過程で意図的に使用される物質について，その物質を一生涯にわたって毎日摂取し続けても，健康への悪影響が出ないと推定される一日当たりの摂取量のこと。一方，TDIとは耐容一日摂取量のことで，意図的に使用されたわけではないが食品中に存在する物質（重金属，かび毒等）について，ADIと同様に生涯にわたる摂取で健康への悪影響が出ない一日当たりの摂取量のこと。

コーデックス委員会

　　FAO（国連食糧農業機関）とWHO（世界保健機関）が1962年に設置した国際組織で，国際食品規格（コーデックス規格）の策定を行っている。委員会は，FAOとWHOの全ての加盟国と準加盟国に開かれており，年に一度（隔年でジュネーブかローマで）定期的に開催されている。国際的な規格や基準，ガイドラインの共通化が，消費者の健康の保護と，食品の公正な貿易の確保に貢献するという理念のもと，協議が行われている。

ポストハーベスト処理

　　ポストハーベストとは農産物の収穫後の過程を指す。ポストハーベスト処理，あるいはポストハーベスト農薬処理とは，収穫後の腐敗や変質，病害虫の発生を防ぐことを目的として，農産物に農薬等の散布を行うことである。流通過程の長い輸入農産物については，輸送や保管過程においてしばしば適用される。ポストハーベスト処理に使用される農薬には，殺菌剤，殺虫剤，発芽防止剤，組織の劣化防止剤，酸化防止剤，果実の成熟調整剤，苦味斑防止剤等が含まれる。

第13章　食品の安全性と消費者の信頼確保

事後学習（さらに学んでみよう，調べてみよう）……………………………

（1）食品安全委員会のホームページを訪れ，食品添加物や農薬等のリスク評価が実際にどのような手順で行われているか，確認してみよう。
（2）農林水産省や厚生労働省のホームページを訪れ，リスク管理の詳しい内容や流れを確認してみよう。また，リスク評価とリスク管理の違いについても再確認してみよう。
（3）アレルギー物質や食品添加物等，食品ラベルに実際にどのように表示されているか，確認してみよう。

［矢野　泉］

第14章　食品の物流管理と青果物

事前学習（あらかじめ学んでおこう，調べておこう）

齊藤実『物流ビジネス最前線』（光文社新書，2016年）を読み，物流の役割と技術の変化，現在の問題について学んでおこう。

キーワード

物流過程，物流費用，リユース容器，定量定価販売，計量販売

第14章　食品の物流管理と青果物

1　物流の経済学的性格と技術

　私たちは，日本で暮らしながら世界中のあらゆる場所で生産された食べ物を味わうことができる。現在の食生活において流通は不可欠な存在であり，生産と消費をつなぐ物流の役割もますます高まっている。

　いうまでもなく，すべての商品は，生産者にとっては交換価値として価値が実現される必要がある。商品の売買が成立して交換価値が実現される商流過程が，その商品にとって非常に困難な「命がけの飛躍」である一方，商品がその使用価値を維持したまま消費段階に無事到着させるための物流過程もまた，さまざまな困難が待ち受ける[1]。

　良い食べ物の使用価値的条件とは，安全であること，その重要性はいくら強調してもしすぎることはない。また期待される品質（鮮度，栄養的内容）を持ち，感性を満足させる食味や外見を持っていることも大切である[2]。

　食品の物流過程には，輸送，保管，荷役，包装，規格・選別，情報などがある。物流過程は「流通過程に延長された生産過程」とも言われる。経済学的性格は，生産過程で生産された商品の使用価値の完成や保全に関わる限りにおいて，生産過程と同様に生産的な過程と位置づけられる。そのために投下される物流費用は価値・剰余価値を生産する生産的費用である[3]。しかし，資本主義社会では，物流過程において，生産過程に契機を有しない不生産的な費用が増大する[4]。

　有機物である食品の物流は，その使用価値が多かれ少なかれ変化しやすいために，さまざまな制約を受けてきた。物流技術レベルが低い段階では流通の範囲が限定され，したがって市場は局地的とならざるを得ないが，技術の高度化とともに市場圏が拡大し流通範囲も広域化してきた。

　物流における輸送技術の発達は，食品の流通範囲を広域化しただけでなく，食品をより速く，効率的に，品質を維持しつつ生産地から消費地へ輸送することを可能にした[5]。輸送は利用する交通手段によって，自動車輸送，海

表 14-1　品目別輸送機関別貨物量（2014年度全国輸送量）

(単位：千t，%)

区分	全機関		鉄道		海運		自動車	
	輸送トン数	割合	輸送トン数	割合	輸送トン数	割合	輸送トン数	割合
総貨物	4,864,655	100.0	30,094	0.6	518,726	10.7	4,315,836	88.7
農水産品	216,314	100.0	0	0.0	7,746	3.6	208,568	96.4
穀物	46,075	100.0	0	0.0	5,251	11.4	40,824	88.6
野菜・果物	64,268	100.0	0	0.0	743	1.2	63,525	98.8
その他の農産品	25,250	100.0	0	0.0	482	1.9	24,768	98.1
畜産品	43,961	100.0	0	0.0	344	0.8	43,617	99.2
水産品	36,760	100.0	0	0.0	926	2.5	35,834	97.5

資料：国土交通省「品目別輸送機関別貨物量（全国輸送量）」より作成。
注：全機関には，航空は含まれていない。

上輸送，鉄道輸送，航空輸送に分けることができる（**表14-1**）。どの輸送手段を利用するのかは，輸送する距離，輸送するための費用，輸送する食品の重量や大きさ，価格などによって選択される。また輸送手段の発達にともない，補助機能として荷役作業の効率化をはかるためパレットや貨物コンテナを利用した**ユニットロードシステム**の導入も進められてきた。現在，国内の物流において最も多くの貨物を輸送しているのは自動車である。自動車は，小回りが可能であり，小口の短距離輸送や長距離輸送にも適している。また，輸送は保管と結合することで，常温車だけでなく保冷車，冷蔵車，冷凍車による食品輸送も増大した。さらには温度帯別輸送車両も開発され，食品を輸送する多くの業種で利用されるようになった。海上輸送は，スピードは他の輸送手段に劣るが，大量の食品を安く長距離輸送することができる。海上輸送の増大はコンテナ開発によるところが大きい。海上輸送用コンテナは，1920年頃，欧米の貨物輸送で利用されはじめた。コンテナには，ドライコンテナ，リーファーコンテナ，CAコンテナなどがあげられる。国際基準サイズとしては，20フィート（約6.1m），40フィート（約20.1m）がある。とくにリーファーコンテナの登場は，野菜や果実などの生鮮食料品や冷凍品の国際物流を急増させることになった。海上輸送船には，国際物流での利用が多いコンテナをクレーンを用いて積み込み輸送するリフトオン・リフトオフ方式のLOLO船と，国内物流での利用が多いトラックやトレーラーを直接船に

乗せ輸送するロールオン・ロールオフ方式のRORO船がある。鉄道輸送は，中・長距離の大量輸送に適しており，小エネルギーで，輸送手段のなかでは環境へ最も低負荷な輸送手段である。航空輸送は，長距離を短時間で輸送できる高速性が特徴であるが，単位当たりの輸送費は高い。そのため食品のなかでも単価や付加価値の高い食品の輸送に適している。

　食品の流通範囲や市場の広域化に保管技術が果たした役割も大きい[6]。食品の使用価値，とくに品質に影響を与える要因には，温度，湿度，光，酸素濃度，二酸化炭素濃度，エチレン濃度などがあげられる。温度は，食品の保管で最も重要な要因である。食品の種類や保存期間の違いによって，さまざまな温度帯が用いられている。保管される温度帯は食品によって異なるが，大きくは常温・ドライ（25℃以下），冷蔵・チルド（0〜10℃），冷凍・フローズン（−18℃以下）の三温度帯に区分される。温度帯別管理技術の確立は，食品別に常温貯蔵や低温貯蔵（冷蔵貯蔵，冷凍貯蔵，氷温貯蔵，半冷凍貯蔵）することを可能にした。品質劣化の早い青果物でも，鮮度を維持するために収穫後すぐに冷却し低温貯蔵する予冷技術が多くの産地で利用されるようになった。予冷方法には，強制通風冷却法，差圧冷却法，真空予冷法がある。またリンゴなど果物の長期保存法としてCA貯蔵もおこなわれている。米もこれまでの常温貯蔵から，年間を通した低温貯蔵（15℃）が普及しつつある。

　保管や輸送における温度管理技術の高度化は，低温の保持が不可欠な生鮮食品においても，産地から小売までの物流過程で，切れ目のない温度管理を可能とする**コールドチェーン（低温流通機構）**化を拡大しつつある。

　食品の卸・小売段階においては，保管倉庫機能に，集荷，仕分け，加工などを付加し総合的に物流管理をおこなう物流センターも整備されてきた（図14-1）。こうした物流センターでは，食品の搬入・搬出，在庫管理，仕分け作業，集荷作業の効率化のために，フォークリフト，自動立体倉庫や棚のロケーション管理自動システム，デジタルピッキング，自動ソーター，ロボット，カゴ車などの物流機器が積極的に導入されている。また，温度帯別に食品を物流管理するセンターとして，生鮮食品センター，日配品センター，チ

図14-1 食品物流センター(フローズン)の仕組み

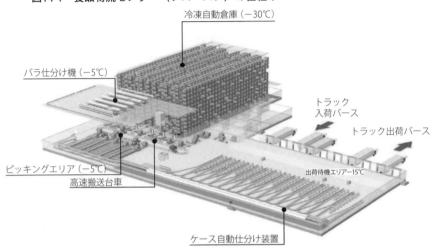

資料:日本アクセス北海道(株)パンフレットより。

ルドセンター,冷凍食品センターなども整備されてきた。

　情報は,物流過程を直接的にサポートして商品の価値実現を可能にする機能をもつ。バーコードはPOSなどの商品販売管理で多く利用されてきたが,物流管理機能としても利用されている。リユース容器の物流管理のためのRFID(ICタグ)の利用や輸送におけるGPSの位置情報システム,EOSも受発注だけでなく物流機能として在庫管理や食品卸売業,小売業の効率的な配送システムを実現する手段としても使用されている。また食品の生産,処理・加工,流通・販売等の段階で情報を保存記録することで食品の安全確保をおこなう情報システムとして食品トレサビリティーシステムが牛肉や米で導入されている。このシステムにより,もし問題が起こった場合,流通経路を追跡し原因の特定や回収が可能となった。

　今日,食品における物流技術の技術革新(イノベーション)には目を見張るものがある。食品の物流技術の高度化は,食品の流通範囲を大幅に拡大し,食のグローバル化をもたらした。小売店には,世界中の食料品があふれ,い

つでも手軽に購入することが可能となった。しかしその一方で，食を豊かにする物流技術が，ポストハーベスト，食品添加物，残留農薬，食品偽装，BSEなど食の安全性を脅かすさまざまな問題を引き起こしている。また輸入農産物の増大は，国内農業にも大きな打撃を与え，自給率を低下させ，国内農業の衰退，縮小をもたらす原因ともなっている。さらに，輸送の自動車化の増大によるCO_2発生は地球温暖化の大きな要因となり，私たちが暮らす地球に存続の危機をもたらしている。

　物流技術は，生産力としては中立的な性格をもつものである。しかし，利潤獲得を推進動機とする商品生産が支配的に行われている現代社会においては，物流技術が今日の市場・流通に発現している多くの問題の挺子となっていることも多い。物流問題は，その技術の生産力的内容ではなく，どのような社会経済的条件のもとで，誰のために，何を目的として用いられるのかという生産関係の視点から考えることが大切である。物流が食料・農産物の生産，流通，消費の問題に直結する要因は山ほどある。本章で考察できることはそのうちのほんの一部にすぎない。以下においては，食料・農産物から青果物を事例として物流における今日的諸課題について若干の考察を加えることにする。

2　青果物物流と地球温暖化

　生産力としての物流技術が，社会発展に大きく貢献してきたことは疑う余地がない。しかし，人間の暮らしを豊かにする技術が，地球温暖化の原因となり地球存続の危機をもたらしているのも事実である。こうした中，今世紀後半には，温室ガス排出の実質ゼロとし脱炭素社会をめざすパリ協定が締結（2016年11月4日発効）された。

　食品物流においても，これまでの経済合理主義の経済活動の見直しによるCO_2排出を抑制する物流に転換していくことが求められている。輸送では，これまでも長距離トラック輸送から鉄道輸送へ転換するモーダルシフトや共

図14-2 青果物流通におけるリユース容器と段ボール箱使用動向

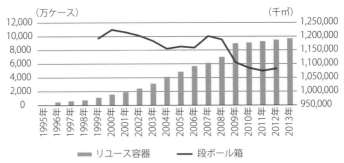

資料：(株)矢野経済研究所資料より作成。
注：リユース用は容器利用数、段ボール箱は青果物向けシートの投入量である。

同配送によるCO_2排出の抑制，近年ではガソリン燃料を動力としない自動車の開発も積極的にすすめられている[7]。

こうした中，青果物の物流において，わが国で青果物の輸送包装容器として用いられてきた段ボール箱に変わり，リユース容器の利用が広域流通で増大しつつある（図14-2）。リユース容器は，何度でも繰り返し利用ができ，ワンウエイ利用の段ボールに比べ省資源でCO_2の排出も非常に少ない容器である[8]。

青果物物流におけるリユース容器は，ドイツを中心としたヨーロッパ諸国で多く利用されている[9]。ヨーロッパの青果物流通でも木箱や段ボール箱が利用されていたが，1990年代に入ってこれらに替わりリユース容器の利用が急速に増大している。とくにリユース容器を所有し運営管理している企業（以下，プールマネジメント会社とする）のリユース容器の利用が増大している。ヨーロッパの青果物流通におけるプールマネジメント会社によるリユース容器は，プールマネジメント会社—生産者—小売業，またはプールマネジメント会社—生産者—卸売市場—小売業の流通で循環利用されている。卸売市場流通割合が少ないヨーロッパでは前者での利用が多い。

リユース容器の基本的な循環システムは，使用するリユース容器は全てプールマネジメント会社が所有し，レンタル方式で産地に貸し出すシステムと

第14章　食品の物流管理と青果物

図14-3　リユース容器の循環システム（ヨーロッパ）

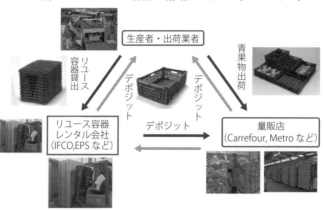

なっている。まず産地からの注文に応じ折りたたまれたリユース容器が貸し出される（**図14-3**）。産地では，レンタルしたリユース容器に青果物を入れ小売店や卸売市場など販売先に出荷販売する。最終的に小売店舗で販売され空になったリユース容器は，小売のDC（ディストリビューションセンター，流通センター）または卸売市場まで返却される。小売DCや卸売市場まで返却されたリユース容器は，プールマネジメント会社により回収され洗浄したのち，次回の貸出まで保管される仕組みとなっている。

　リユース容器の循環にとって重要なことは，リユース容器の回転率を上げることも大切であるが，リユース容器の紛失を最小限にすることも重要である。リユース容器の容器紛失を防止する方法として，リユース容器の利用当事者に容器の紛失責任を持たせる**デポジットシステム**が採用されている。デポジットシステムにおけるデポジット（保証金）の流れを簡単に説明すると，まずプールマネジメント会社からリユース容器を借りた産地は，レンタル料以外に利用個数に応じたデポジットをプールマネジメント会社に支払う。産地ではレンタルしたリユース容器に青果物を入れ卸売市場や小売業に出荷販売する。購入した業者は，購入代金とは別に，リユース容器個数にあわせて産地にデポジットが支払われる。小売業者で最終的に空になったリユース容

207

器は，プールマネジメント会社に返却する。プールマネジメント会社は，回収されたリユース容器の個数に応じてデポジットを返却業者に支払う。デポジットは，青果物の流通とは逆の流れとなっており，リユース容器の利用当事者間でデポジットのやりとりを行うシステムである。利用当事者間がリユース容器を紛失しない限り，デポジットが自分にもどってくるシステムである。

　わが国の青果物流通においてプールマネジメント会社によるリユース容器が導入されたのは1995年からである。導入当初は，大型生協や大規模小売業などと市場外流通での利用が中心であった。その後，卸売市場での利用も徐々に増大しつつある。リユース容器は，さまざまな青果物に利用されているが，国産品ではイチゴやレタスでの利用が早く利用数も多い。リユース容器は，年々増大し現在1億枚程度が青果物流通で利用されている。また，リユース容器は，地球温暖化防止のための二酸化炭素排出削減効果だけでなく，リユース容器の経済性や青果物の品質においても優れていることが明らかになってきた[10]。

　今後，一層わが国の青果物流通でリユース容器の利用を進めていく必要がある。そのためには，わが国では青果物の流通量が多い卸売市場流通での利用を拡大していくことが課題である[11]。

3　青果物の不生産的流通費の削減

　わが国の小売店での青果物販売は，セルフ販売を中心としたスーパーの増大にともない，同じ形，同じ大きさ，同じ重さに近いものを数本，数個，○○g単位でパック，小袋，トレー，ラップ，結束などにより定量で小包装（個装）し同じ価格で販売（以下，定量定価販売とする）する方法が中心である（**写真14-1**）。

　青果物も他の農産物と同様に，工業製品とは異なり生産過程の大部分が自然的条件に左右されるため必然的に個体差が著しいことを特徴とする。個体

第14章 食品の物流管理と青果物

表14-2 青果物の産地流通費

(単位:円／100kg, %)

区分	野菜	割合	果実	割合	青果物	割合(青果物)
物流費計	3,806	70.4	5,932	72.1	4,074	70.7
包装・荷造材料費	1,005	18.6	1,546	18.8	1,073	18.6
うち容器代以外	103	1.9	382	4.6	138	2.4
選別・荷造労働費	1,144	21.2	1,127	13.7	1,142	19.8
減却償却費	66	1.2	358	4.4	103	1.8
集荷費	46	0.9	15	0.2	42	0.7
検査料	23	0.4	269	3.3	54	0.9
予冷費	109	2.0	795	9.7	196	3.4
保管料	65	1.2	200	2.4	82	1.4
出荷運送料	1,348	24.9	1,621	19.7	1,382	24.0
商流費計	1,600	29.6	2,294	27.9	1,688	29.3
人件費	208	3.8	454	5.5	239	4.1
施設費	34	0.6	241	2.9	61	1.1
商品廃棄処分費	7	0.1	4	0.1	7	0.1
その他事業管理費	23	0.4	61	0.7	28	0.5
卸売手数料	1,078	19.9	1,193	14.5	1,093	19.0
卸売代金送金料	0	0.0	0	0.0	0	0.0
上部団体手数料	160	3.0	252	3.1	171	3.0
負担金	90	1.7	89	1.1	90	1.6
合計(物流費＋商流費)	5,406	100.0	8,226	100.0	5,763	100.0

資料:農林水産省「食品流通段階別価格形成調査(青果物経費調査)2014年度」より作成。
注:1)青果物産地流通費は,収穫後から卸売市場に出荷に関わる経費の合計とした。
　　2)物流費と商流費の区分は,経済学視点から区分した。

差の大きい青果物を定量定価販売するわが国では,産地や流通段階において,細かな規格・選別と多くの小包装(個装)作業がおこなわれている。産地**流通費**では24％(物流費の34％)を占めている(**表14-2**)。

今日,青果物の物流過程でおこなわれている規格・選別や小包装(個装)は,生産過程に契機を有しない過程が多い(12)。たとえば,イチゴ産地で使用さ

写真14-1　日本の青果物販売形態
資料:筆者撮影。
注:北海道,スーパー青果売場。

表14-3　イチゴの規格基準

1．品位基準
　ア．品種固有の形状
　イ．腐敗・変質していないもの
　ウ．病害・虫害及び傷害のないもの
　エ．異品種が混入していないもの
　オ．土砂，異物が付着していないもの
　カ．熟度が均一であるもの

2．大小基準：1個の重量による定数詰め

区分	3L	2L	L	M	S	A	B	C
1個の重量	30g以上	22g以上	15g以上	12g以上	7g以上	3L〜2Lの変形果	L〜Mの変形果	2L含むS以下の変形果
1容器の粒数	10粒以下	14粒	20粒	25〜26粒	45粒以上			

3．パックの詰め方

区分	3L	2L	L	
上段	4粒	6粒	8粒	L以上の規格は置き並べとする。
下段	5〜6粒	8粒	12粒	M以下の規格はへたを下にしたバラ詰めとする。

4．量目基準：1パックの量目は皆掛320g以上とし，1包装単位の量目は1.2kgを基準（300g×4個入）とする。

資料：札幌ホクレン青果(株)，野菜標準全道統一規格（ホクレン）などにより作成。
注：これ以外に量目や容器（段ボール箱）の基準についても細かく記されている。

れている選別・包装のための規格基準をみると，品位基準以外は，小売で定量定価販売するための基準となっている（**表14-3**）。すなわち大小基準は，1粒の重量の違いによって8等階級（3L，2L，L，M，S，A，B，C）に細かく区分されている。等階級の重量の違いは，わずか3gから8gと数グラムの違いで区分されている。階級間の重量差が僅かなためみた目で判断できず，一粒ごと計量しなければならない。容器に詰める粒の数（2L：14粒，L：20粒，M：25〜26粒など）も階級ごとに決められている。また，パックへの詰め方も階級（3L：上段4粒，下段5〜6粒，2L：上段6粒，下段8粒，L：上段8粒，下段12粒）により細かく決められている。さらにパックの量目は，どの等階級も1パックの容量は全て同じ320g（容器代など資材込み）となっている。明らかにイチゴの規格基準の大部分は，小売で定量定価販売するための基準である。つまり，イチゴの規格基準に基づき物流過程内でおこなわれている選別・包装作業は，生産に契機を有しない販売のための作業過程である。販売のために投下される流通費用は売買費用であり経済的性格も不

生産的な純粋流通費用である。

現在のわが国の青果物の物流過程でおこなわれる規格・選別や小包装過程には、イチゴの規格基準と同じく、生産過程に契機を有しない小売の定量定価販売のための作業過程が多く含まれている。こうした不生産的な流通費用は、生産と流通の規模格差構造のもとで進められる流通再編においては、価格機構を通じて生産者や消費者にも転嫁されることになりやすい[13]。

写真14-2　海外の青果物販売形態
資料：北海道イシダ（株）より。
注：デンマーク、スーパー青果売場。

早急に、わが国の青果物の物流過程で増大している不生産的な純粋流通費を減らす方法を検討する必要がある。海外の小売では、個体差が大きい農産物の特徴をふまえ、わが国では馴染みがないが青果物の販売は計量器を使用した計量販売が一般的におこなわれている（**写真14-2**）。計量販売は、消費者が自身の感性に基づき、料理や人数など用途に基づき、自分で好きな大きさ、形の青果物を好きな量だけ選び購入する方法である。計量販売は、現在おこなわれている細かな規格・選別や小包装を減らすことを可能にする販売方法である[14]。

わが国の小売業において、青果物の販売方法である計量販売の導入は、物流過程における不生産的な純粋流通費を減らし流通コストを削減することを可能にする。また計量販売は、産地段階だけでなく卸や小売など流通段階でおこなわれている不生産的な純粋流通費も削減する（**図14-4**）。是非、わが国の小売業の青果物販売においても計量販売の導入を検討する必要がある。不生産的流通の削減は、さらに生産者と消費者の共同と連携の力により、小売価格の引き下げや生産者の収入を増大させることにもつながる[15]。

第Ⅲ部　課題編

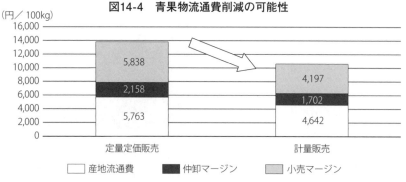

図14-4　青果物流通費削減の可能性

資料：農林水産業農林水産統計「食品流通段階別価格形成調査（青果物経費調査）2014年度」より作成。
注：1）産地流通費の削減額は，販売費が多く含まれている選別・荷造労働費，減価償却費，容器代以外の包装・荷造材料費の合計削減可能額として計算した。
　　2）小売・仲卸マージンには利益が含まれている。
　　3）小売マージン，仲卸マージンの削減額は，仲卸・小売経費にしめる給料手当と包装材料費割合の半分をもとに削減可能を算出した。

4　物流技術利用方法の転換

　高度化した物流技術は，私たちの住む地球環境や食生活を真に豊かにするものでなければならない。いま，食品の物流に求められているのは，物流技術が資本の論理を優先した一部の資本の利益獲得のために利用される道ではなく，あくまでも国内生産を基本として，中小零細業者，国内農業を守り，消費者に，地域性や季節性を生かして安全で美味しい食料・農産物を流通させるための物流の構築とそのための物流技術利用への転換であろう。そのことが消費者が安心して食することができる安全で美味しい食べ物を流通させ，停滞縮小に追い込まれつつある国内農業にも活力をあたえることになるに違いない。それは，私たちの地球と日本の食と農と健康を守る道でもある。

注
（1）滝澤昭義・甲斐諭「価格と市場の基礎理論」（滝澤昭義他編『食料・農産物の

流通と市場』筑波書房，2004年）3〜10ページ参照。滝澤昭義・尾碕亨「物流過程の再編と食料・農産物市場」（滝澤昭義他編『流通再編と食料・農産物市場』筑波書房，2000年）131〜134ページ参照。
(2) 同上「物流過程の再編と食料・農産物市場」131〜134ページ参照。
(3) 滝澤昭義『農産物物流経済論』（日本経済評論社，1983年）1〜122ページ，前掲「物流過程の再編と食料・農産物市場」131〜134ページ参照。
(4) ハインリックス著，鈴木武訳，森下二次也監修『独占的商業の理論』（ミネルヴァ書房，1971年）68〜169ページ参照。
(5) 輸送技術については，「第6章食品の物流」（茂野隆一他編『新版食品流通』実教出版，2013年）146〜155ページ参照。
(6) 保管技術に関しては，同上，156〜165ページ参照。
(7) 自動車業界においても，電池燃料などガソリン以外の燃料開発が進められている。動力源・エネルギー供給源別に分類すると，電気自動車（EV），ハイブリッドカー（HV），プラグインハイブリッドカー（PHEV/PHV），燃料電池車（FCV）等がある。
(8) 家串哲生「段ボールとリユース容器を用いた青果物流通のLCA比較分析」（研究代表尾碕亨『青果物輸送における環境対応型包装資材に関する研究』研究成果報告，2015年）によれば，CO_2排出量も段ボール2.013kg-CO_2に対しリユース容器は0.4828kg-CO_2と非常に少ない。
(9) ヨーロッパにおける青果物のリユース容器の動向に関しては，尾碕亨「青果物広域物流におけるReusable Plastic Containersの利用と紛失防止システム」（日本流通学会編『流通』No.27，2010年）13〜21ページ，尾碕亨「青果物の物流と省資源輸送包装容器」（『食品流通イノベーション』酪農学園大学EXセンター，2013年）75〜102ページ参照。
(10) リユース容器の優位性に関しては，尾碕亨「北海道産ブロッコリーの物流における氷詰め発泡容器とリユース容器の作業時間および物流経費」（日本流通学会編『流通』No.31，2012年）1〜10ページ参照。
(11) 卸売市場流通にリユース容器の利用拡大させるための課題としては，尾碕亨「青果物流通におけるReusable Plastic Containersの利用と展望」（日本包装学会編『日本包装学会誌』Vol.23，No.2，2014年）79〜87ページ参照。
(12) 農産物の物流機能の一つである選別・規格化は，商品としての使用価値の完全性，完成度をチェックする過程である。その性格は，「使用価値として消費上の差異が認められるかどうかを尺度とした規格にもとづく選別」と「使用価値に根拠をもたない，また容認しうる程度の使用価値以上の差異を尺度とした選別・規格化」に区別できる。生産過程に契機を有するのは前者である。容器詰めを含む本来の包装は，使用価値の減耗，消滅を防ぐ目的で遂行される過程である。前掲『農産物物流経済論』1〜122ページ参照。

(13) 物流過程における不生産的費用の増大に関しては，尾碕亨「野菜の流通構成費の変化とその要因」(『農産物市場研究』第32号，1991年) 33〜45ページ，尾碕亨「イチゴ物流におけるリユース容器の優位性に関する一考察—JAよいちを事例として—」(北海道農業経済学会編『フロンティア農業経済研究』第17巻第2号，2014年) 75〜83ページ，前掲『独占的商業の理論』167〜168ページ参照。
(14) ヨーロッパでは，消費者自身が計量器を利用して計量する方法が一般的である。
(15) 計量販売は，生産者と消費者が連携しやすい直場所での導入も検討していく必要がある。尾碕亨「青果物の定量定価販売から計量販売への転換と物流コスト」(荒木和秋教授退官記念論文集編集委員会編『農業と農村の持続的展開』酪農学園大学EXセンター，2017年) 参照。

参考文献
［1］滝澤昭義『安全・安心は食の原点』(筑波書房ブックレット，2009年)。
［2］滝澤昭義他編『食料・農産物の流通と市場』(筑波書房，2004年)。
［3］滝澤昭義『毀された日本の食をとり戻す』(筑波書房，2007年)。
［4］三島徳三『地産地消が豊かで健康的な食生活をつくる』(筑波書房ブックレット，2003年)。
［5］K・マルクス『資本論　第1巻』(大月書店，新日本出版など)。
［6］三島徳三『農業市場論の継承』(日本経済評論社，2005年)。
［7］齊藤実『物流ビジネス最前線』(光文社新書，2016年)。
［8］茂野隆一・木立真直・小林弘明・廣政幸生・川越義則・氏家清和『新版食品流通』(実教出版，2014年)。

用語解説··

ユニットロードシステム（unit load system）
　　物流の全体的なコスト削減のため，発地から着地まで途中で荷崩しをすることなく一定の方法で輸送し，保管するシステム。代表的なものとしては，商品をコンテナに詰めて，荷役や輸送の取扱単位とするコンテナリゼーションとパレットにのせた商品をフォークリフトなどで一括移動させるパレチゼーションがある。

コールドチェーン
　　生鮮食品などを生産・輸送・消費の過程の間で途切れることなく低温に保つ物流方式。低温流通体系とも呼ぶ。映画「エデンの東」のレタスを氷で冷却保存して遠隔地に輸送する事業で主人公の父のアダムが大もうけしようと企む場面が有名。わが国のコールドチェーンは，1965年「食生活の体系的改善に資す

る食料流通体系の近代化に関する勧告」（コールドチェーン勧告）を契機に始まった。

バーコード
　1967年，アメリカの食品チェーン店がレジスターの行列を解消させる方策として実用化された。数字，文字，記号などの情報を一定の規則に従い一次元のコードに変換し，レジスターなどの機械が読み取りやすいデジタル情報として入出力できるようにしている。二次元コードにQRコードがある。日本ではJANコードが利用されている。物流用途としてはITFコードなどが利用されている。

デポジットシステム
　製品本来の価格に預かり金（デポジット）を上乗せして販売し，消費され不要になった製品などが所定の回収システムに返却された場合に，預かり金が返却される（リファンド）制度。回収促進や紛失防止のインセンティブが働く。諸外国では，空き缶，空きビンのみならず，多くのもので適用されている。日本では，ビールビンや酒ビンなどで昔からデポジットシステムが利用されている。

流通費
　資本は生産過程と流通過程を経過することは循環上不可欠な運動である。資本家は流通過程においてもある程度の労働力などを投入する必要がある。この流通過程で必要となるコストを流通費と呼ぶ。流通費にも「純粋な流通費」と「保管費と運輸費」（物流費）に分類される。純粋な流通費とは商品を販売するための費用である。売買費用，簿記費用，貨幣費用などが挙げられる。保管費と運輸費など物流費は商品の売買ではなく，生産過程における費用であり，商品に価値を付加するための費用である。流通過程は生産過程の準備に過ぎず，決して純粋な流通過程が剰余価値を生み出すわけではない。資本主義の現段階では，売買費用が巨大になっている。

事後学習（さらに学んでみよう，調べてみよう）

　本章を学んだ後には、茂野隆一・木立真直他『新版食品流通』（実教出版，2014年）の第6章から，農産物の物流について深く学ぼう。

［尾碕　亨］

第15章　農産物・食品の流通と環境・資源

事前学習（あらかじめ学んでおこう，調べておこう）

（1）日本や世界の環境汚染・ごみ問題について調べてみよう。
（2）大量流通システムの現状について，スーパーマーケット，コンビニを対象に調べてみよう。
（3）日本や世界におけるリサイクルやごみ削減への取り組みについて調べてみよう。

キーワード

食品廃棄物，食品容器包装廃棄物，食品リサイクル法，拡大生産者責任，容器包装リサイクル法

第15章　農産物・食品の流通と環境・資源

1　農産物・食品の流通と環境・資源問題

　農産物・食品の生産や流通において経済的な効率性や安全性を確保するとともに，いかに環境負荷を低下させるか，資源をいかに有効に活用するかが持続的な食料生産・流通システムを構築する上で重要となる。
　農産物・食品の流通と環境・資源を考える場合，表15-1に示したような3つの問題が存在する。

表15-1　農産物・食品の流通と環境・資源問題

1）エネルギー問題：輸送，店舗でのエネルギー消費に伴う化石資源の消費，地球温暖化問題
2）流通施設の立地による環境問題：自然環境や景観の破壊問題，資源の浪費問題
3）廃棄物問題：食品廃棄物，食品容器包装廃棄物の発生と処理・利用の問題

　1）のエネルギー問題としては，①農産物貿易の拡大や国内での流通広域化による輸送距離の延長，②コンビニエンスストアにおける多頻度小口配送，③低温輸送網の拡大，さらには④郊外型の大規模商業施設に買い物に行くための自家用車等の利用によって，商品の輸送や消費者の移動に必要なエネルギー量が増加している。また，⑤商業施設の大規模化，⑥営業時間の延長や24時間営業の増加で，施設の冷暖房，商品の保冷等に必要なエネルギー消費量も増加している。これによって化石燃料の消費増加と温室効果ガスの発生による地球温暖化問題が発生している。
　2）の施設立地の問題は，①大規模商業施設や物流施設の立地によって，その土地の自然や景観が破壊される問題。②コスト引き下げのために店舗の建設コストを安く抑え，売上が低下した店舗は閉鎖することによって[1]，大規模商業施設の設置自体が資源の浪費を招く問題があげられる。
　以下では，3）の廃棄物問題について詳しくみていきたい。

2 農産物・食品の流通と廃棄物問題

食品流通ごみの現状

　農産物・食品流通に関わる廃棄物には，食品廃棄物と食品容器包装廃棄物があり，これらは廃棄物処理法で主に「一般廃棄物」に区分される。現代の一般廃棄物の処理問題とは，1980年から90年における急激な発生量の増加のもとで，最終処分場の枯渇と焼却の困難化（施設立地の困難化，ダイオキシン規制による施設建設コスト増），廃棄物処理コストの増加と市町村の財政問題が発生していることがあげられる。そのため，3Rによる廃棄物の削減が求められている[2]。

　一般廃棄物における食品廃棄物と容器包装廃棄物の位置についてみると（2000年）[3]，家庭系（生活系）では，食品廃棄物（厨芥類）38％，容器包装廃棄物25％，紙類24％であるのに対して，事業系では紙類35％，食品廃棄物31％，容器包装廃棄物2％であり，食品廃棄物は家庭と事業所の双方でその占める割合が高く，容器包装廃棄物は家庭で高くなっている。そのため，家庭では食品廃棄物，紙，容器包装廃棄物の削減が，事業所では前者2つの削減が重要となっている。

　流通過程における廃棄物の発生は，現在の大量・広域流通システムと密接な関連がある。このシステムは大量供給が前提のため，①供給過剰状態を背景に売れ残りとしての食品廃棄（食品ロス）が発生する他，②企業のマーケティング対応が激しくなり容器包装の過剰化による廃棄物の増加，③過度な鮮度を売り物にすることで食品廃棄の増加を招く。流通の広域化は，④輸送過程での劣化による食品廃棄や，⑤輸送効率化のための商品の規格化による規格外品の食品廃棄を発生させる。さらに，広域流通システムは，⑥商品の保護のために過剰な包装を必要とし，容器包装廃棄物を増加させる。⑦**リユース容器**の利用でも流通の広域化で回収や輸送に多くのコストやエネルギーがかかるためにそれを阻害する。

第15章　農産物・食品の流通と環境・資源

　全体として見た場合，今日の農産物・食品の大量流通システムは，環境負荷を高め，資源の消費を増加する方向にあるといえる。そのため，環境・資源の視点からも現代の農産物・食品の流通システムを見直していくことが必要となっている。

世界的な規制強化

　21世紀に入ると，①世界的な食料不足と農産物価格の上昇が発生し，他方で②原油価格の上昇とプラスチック等による環境汚染問題が深刻化している。このような状況の中で食品廃棄と使い捨てプラスチックの使用に関して各国で規制が加えられ始めている。

　①の変化は，世界ではおよそ8億人が飢餓で苦しんでいる一方，世界で生産されている食料の3分の1が捨てられているという飢餓問題と食品廃棄問題の併存の中で[4]，国連の「持続可能な開発目標」(2015年)では2016年から2030年までに小売・消費レベルの食品廃棄を半減させ，生産とサプライチェーンの食品損失を減少させることを目標に設定している。日本でも第4次循環型社会形成推進基本計画で家庭系の食品ロスを2030年度までに2000年の半分に削減する目標が立てられている。

　②の問題の深刻化は使い捨てプラスチック製品の世界的な使用禁止の動きとしてあらわれており，さらに世界の廃プラスチック貿易量の半分を輸入してきた中国が環境汚染の深刻化を理由として2017年12月にその輸入を制限したことも各国に影響を与えている[5]。日本でも環境省のプラスチックごみ削減戦略では，ペットボトル，レジ袋，食品容器などの使い捨てプラスチックの排出量を2030年までに25％削減することとしている。

　このように食品廃棄の削減と使い捨てプラスチックの使用制限が世界的なレベルですすめられているのである。

流通部門の役割

　流通部門は資源利用において重要な役割を果たしている。すなわち流通部

門は製品の販売だけではなく，廃棄物のリユースやリサイクルを行うための回収ルートとしても機能している。食品流通業は，ガラスビンに代表される飲料のリユース容器の回収においては，製品の流れを逆向きに空き容器が流れる「逆流通ルート」の経済主体として機能してきた。そこでは預かり金を用いたデポジット制度が重要な役割を果たしてきた（細田［1］）。

　また，ワンウェイ容器のリサイクルに際しても，それを回収するルートが必要となるが，そこでは市町村と並んで，食品小売業も重要な役割を果たしており，食品チェーン店の容器包装の店頭回収実施割合は（2015年），牛乳パック91％，食品トレー97％，ビン・缶63％，ペットボトル84％と高くなっている[6]。

　さらに，リサイクルが難しい家庭系の生ごみリサイクルにおいても，電動式生ごみ処理機等で家庭内処理された生ごみ処理物の回収ポイントとして，農協の直売所等が機能している事例もみられるようになった[7]。

3　食品廃棄物

食品廃棄物の発生とリサイクルの現状

　食品廃棄物は，生産・流通・加工・消費の各過程で発生する。それは，①食品の加工の際に発生する「食品加工残渣」（おから，果実飲料搾り粕等），②調理の際に発生する残渣や種や皮などの「不可食部分」，③食べられる部分で捨てられている「食品廃棄（食品ロス）」（食べ残し，規格外品等）に分けられる。①と②は食品の加工や調理を行う際に発生が避けられないため，出来るだけリサイクルを進めることが必要である。③は食料資源の無駄につながるため，削減することを優先する必要があり，それが難しい場合にはリサイクルを進めることとなる。

　流通・加工過程における食品廃棄物の発生とリサイクル状況をみると（2016年度），食品製造業が1,617万tで最も多く，ついで外食産業の199万t，食品小売業127万t，食品卸売業27万tとなっている。後述の食品リサイクル法で定

められた再生利用等実施率は，食品製造業（95％）や食品卸売業（65％）で高く，食品小売業（49％）や外食産業（23％）では相対的に低くなっている[8]。

　食品製造業からの食品廃棄物は，1事業所当たりの排出量が大きく，その組成も比較的均一なため収集や利用（特に飼料利用）が容易だが，食品流通業や外食産業などから発生するものには様々な食品素材が含まれており，しばしば食品以外の廃棄物が混入する（例えばわり箸や紙，弁当容器，包装等）。さらに排出源の数が多く，1事業所当たりの排出量も少ないため，収集・処理のコストが大きくなり，リサイクルが困難となる。

　食品廃棄物リサイクルの用途をみると（2016年度）[9]，食品製造業では飼料化の割合が76％と高いのに対して（肥料17％），食品流通業では飼料化と肥料化が同程度でそれぞれ3～4割であるが，外食産業では飼料化と肥料化は低く（21％，34％），「油脂及び油脂製品」が41％で最も高くなっている。これまで食品廃棄物は堆肥化される場合が多かったが，食品リサイクル堆肥の需要が十分ではないことから，飼料化が進められている[10]。また，飼料利用が難しい家庭や外食産業，食品流通業から発生する食品廃棄物については，近年ではメタンガス化（燃料化）の取り組みも行われている。

食品リサイクル法[11]

　食品廃棄物対策のために，2000年に食品リサイクル法が制定された（2007年改正）。この法律では食品製造業，食品流通業，外食産業（「食品関連事業者」とよぶ）から発生する利用可能な食品廃棄物（「食品循環資源」とよぶ）の「再生利用等」（発生抑制，減量，再生利用の3つの手法）の実施率を2006年度までに20％にすることを求めた。再生利用を促進するために，「再生利用事業者」の登録と，「再生利用事業計画」の認定制度が作られ，これら登録・認定事業者には廃棄物処理法，肥料取締法，飼料安全法の特例が認められている。

　この法律施行後，2001年から目標年の2006年までの変化を見ると，第1に発生抑制の実施率は全体で5％と極めて低く，食品廃棄物の発生抑制には結

びついていないという問題が発生した。第2に業種別では食品小売業と外食産業での再生利用等の実施率が低い結果となった（それぞれ35％と22％）。

2007年の改正では、上記をふまえて、再生利用等に「熱回収」が加えられた他、2012年を目標とした業種別の実施率目標が定められた（食品小売業45％、外食産業40％）。この実施のために、再生利用事業計画の認定制度が見直され（食品リサイクル・ループ）、認定を受けた場合には、廃棄物処理法のさらなる特例が認められている。

このように、ここでは一定のリサイクル等の目標率を設定し、それを達成できるように行政が支援する方法がとられている。

食品廃棄（食品ロス）の削減

2015年には新たな基本方針の策定が行われ、その中で従来取り組みが遅れていた食品廃棄物の発生抑制が推進された。そこでは食品廃棄（食品ロス）の削減が重視されている。この背景には世界的な食品廃棄問題が深刻化する中、6割の食料を輸入する日本で食品ロスが年間646万t発生し、この数値が国連WFPによる世界全体の食料援助量の2倍にも及ぶことがあげられる[12]。例えば、売れ残り（賞味期限切れ）や返品が原因で廃棄された製品・商品の占める割合は（2006年）、食品卸売業で15％、食品小売業で22％となっている[13]。また、食品スーパー・チェーンのロス率を見ると（2015年）、総菜が10％で最も高く、水産物8％、畜産6％と続いている[14]。

食品廃棄の発生要因については生産・流通・加工・消費の各段階毎に違いがあるが、食べ残し等の削減については、消費者の意識に訴えていく必要がある。これに対して、流通・加工過程から発生するもので、前述したように①現代の大量・広域流通システムに起因する食品廃棄、②納品期限及び店頭販売期限に関する「3分の1ルール」による賞味期限切れ前の返品・廃棄、③販売機会ロスを避けるために加盟店の費用負担で行われてきたコンビニエンスストアの弁当廃棄のように、流通過程における取引構造に起因する部分は、農産物・食品市場の規制も含めて削減する必要がある[15]。特にこれら

の食品廃棄は食品メーカーや流通事業者にとっては損失であり,コスト増加につながることから,これらへの対策は経営面でも必要となっている[16]。なお,「3分の1ルール」などによって賞味期限切れ前に廃棄される食品については,フードバンクによる有効利用への取り組みも行われている(佐藤[9])。

4 食品容器包装廃棄物

食品容器包装と廃棄物

容器包装は,①品質保持のために不可欠な部分と,②販売促進機能を果たすために,すなわち市場経済においてのみ必要な包装に分けられる。食品は変質しやすいため,品質保持機能は工業製品よりも強く求められ,容器包装の果たす役割は大きい。

容器包装は,①輸送包装(商品の輸送を容易にし,破損を防ぐ),②付加包装(販売促進用),③販売包装(商品の保管・使用に必要な包装)に分けられる[17]。輸送包装は流通の諸段階で廃棄物となるが,食品の個別包装(付加包装と販売包装)に使用された容器包装は,家庭から主に排出されることになる。輸送包装である段ボールや発泡スチロールは比較的リサイクル率が高くなっている(段ボール97%,発泡スチロール56%,いずれも2014年)[18]。そのため,家庭から発生する容器包装への対策が重要である。

食品に関わる個別包装廃棄物の特徴として以下の3点があげられる。①ほとんどの家庭から発生し,その発生頻度が極めて高い。②紙やプラスチック等の複数の素材で構成される。プラスチックも様々な種類が複合して利用され,選別に手間がかかり,材料として使用するマテリアルリサイクルに困難が伴う。そのため,一般廃棄物のプラスチックリサイクルに占める材料利用の割合は20%にすぎず(この大部分はペットボトル),エネルギー利用が70%を占めている(2016年)[19]。③個別包装,特に販売包装は,直接食品と接するために汚れがつきやすく,リサイクルのために汚れを落とすための労

力と水，汚れた物を選別するための選別コストが必要となる。

　前述したように，容器包装廃棄物は事業所よりも家庭で占める割合が高い。そこで家庭ごみに占める容器包装廃棄物の割合を2015年についてみると，収集や直接埋立の時に問題となる容積比では全体の55％を占め，うちプラスチックが40％と大きな割合を占めている。紙類は10％，ガラスは1.4％にすぎない[20]。

　このように，今日の容器包装廃棄物問題とはプラスチック容器包装の利用・処理問題であるといえる。

容器包装リサイクル法

　食品容器包装廃棄物への対策は容器包装リサイクル法で行われている。1995年に制定され，97年には缶，ビン，ペットボトルで一部施行され，2000年にその他のプラスチック（プラスチック製容器包装）と紙が対象となり，完全施行されている。また，2006年に改正されており，それまでなかった排出抑制が目的等に追加されている。

　この法律では，消費者が分別した容器包装ごみを，市町村が収集・選別・洗浄・保管を行い，分別基準に適合させ（分別基準適合物），再商品化費用を「特定事業者」（①容器を利用して中身を販売する事業者，②容器を製造等する事業者，③容器を利用した商品を輸入販売する事業者）が負担するというものである。再商品化は，主として「日本容器包装リサイクル協会」がおこなっているため（指定法人ルート），特定事業者はその費用を負担金として協会に支払っている。

　この法律のもとで，個別包装廃棄物の回収・利用・リサイクル率の変化をみると[21]，2000年から2005年にかけてガラスビン（78→91％），飲料用アルミ缶（81→92％），スチール缶（84→89％），ペットボトル（35→62％）のいずれの品目でも上昇しており，特にその後のペットボトルの回収率の上昇をふまえると（2014年には94％）[22]，リサイクルの促進効果は極めて大きかったといえる。

容器包装リサイクル法は2006年の改正に際しても以下のような課題が指摘されている[23]。第1に市町村のコスト負担が大きいことである。この法律では市町村が分別収集・選別保管コストを，特定事業者が再商品化のコストを負担するが，環境省の試算による2003年度の費用負担は，市町村が約3,000億円（ごみ処理量の減少による焼却・埋立費用の削減分を差し引いた純増コストは約380億円），特定事業者の負担する委託費は399億円で特定事業者の負担がきわめて少なくなっている[24]。

第2にリサイクルが進んでも資源の消費量が減少しないという問題である。例えばペットボトルの生産量は1997年の25万tから2014年には65万tへと一貫して増加している[25]。

これらの点は特定事業者のコスト負担が少ないために，生産段階から包装の抑制，分別収集やリサイクルがしやすい包装形態・素材の選択への取組が遅れていることを意味している。

第3にワンウェイ容器よりも環境負荷が少ないリユース容器の利用の減少が止まらないことである。例えば，リユースビンの利用量は2005年には170万tだったものが2014年には95万tへと10年間で半分になっている[26]。これは，ワンウェイ容器の回収が市町村の費用負担で行われるのに対して，リユース容器は分別基準適合物ではないため事業者が自らのコスト負担で回収しなくてはならず，リユース容器の使用拡大を食品メーカーが進めるインセンティブが弱いためである。

第4にこれまで増加してきた廃ペットボトルの中国等への輸出が，国内のリサイクル産業の原料調達を困難にし，その衰退を引き起こしてきたが，これら諸国が輸入を制限したため，そのリサイクル先を国内で確保することに苦慮している点である[27]。

このような中で，流通過程での①リユース容器の利用や②バイオマスを利用した生分解性素材の利用，③容器の軽量化への取り組みが行われている。④またスーパー・チェーン店でのレジ袋の無料配付の中止は2015年には46%の店舗で取り組まれている[28]。

5 循環型社会形成と流通

　農産物・食品の生産や流通を考える上で，環境負荷の低減と資源の有効活用は大きな課題である。それを達成するためには循環型社会形成の視点から，自然からの資源の採取を減らし，社会経済システムの内部で循環的な利用を拡大し，廃棄物の自然への放出を減らすことが必要である。

　国は大量流通システムの見直しについても取り組みを進めており[29]，流通業においても大量流通システムの見直しや通いコンテナの利用，包装の簡素化への取り組みが行われている。生産者や消費者が環境負荷の高い流通システムを利用しないことも必要である。

　生産者と流通業者，そして消費者が一体となって環境負荷の低い持続的な流通の仕組みを目指すことが必要である。

注
（1）矢作弘『大型店とまちづくり』（岩波書店，2005年）。
（2）この間の様々な取り組みの結果，2000年以降の一般廃棄物の発生量は減少傾向にある。
（3）環境省『平成15年版　循環型社会白書』序。
（4）国際連合食糧農業機関編集「世界の食料ロスと食料廃棄」国際農林業協働協会翻訳・発行，2011年，FAOweb。
（5）「特集　海洋プラスチックごみ」（『廃棄物資源循環学会誌』29（4），2018年）。東京新聞「使い捨てプラ　日本規制遅れ　世界60カ国以上で生産禁止や課金」2018年6月30日付夕刊。毎日新聞「プラスチック危機　廃プラ行き場失う　中国輸入禁止の影響」2018年8月3日付。
（6）「平成27年　スーパーマーケット年次統計調査報告書」新日本スーパーマーケット協会Web。
（7）Masami IZUMIYA et al., Status and Issues of Exchange Systems for Dried Food Waste and Vegetables in the Recycling of Household Food Waste.（『弘大農報』20，2018年）。
（8）農林水産省「平成28年度食品廃棄物等の年間発生量及び食品循環資源の再生利用等実施率（推計値）」，農林水産省Web。

(9) 同上資料。
(10) 泉谷眞実編著『エコフィードの活用促進』(農文協, 2010年)。
(11)「特集　食品廃棄物」(『廃棄物学会誌』19 (4), 2008年)。「特集　有機性廃棄物のリサイクル」(『同』11 (5), 2000年)。
(12) 2015年の数値。このうち55% (375万t) が事業所から発生している (環境省『平成30年度版　環境・循環型社会・生物多様性白書』第1部第3章による)。なお, この内訳では, 食品製造業 (39%) と外食産業 (37%) で多くの割合を占めている。食品流通業では, 食品小売業 (19%) の割合が高く, 食品卸売業は低くなっている (5%) (『平成29年度　食品リサイクル状況等調査委託事業報告書』(みずほ情報総研, 2018年) による。
(13) 農林水産省「平成19年　食品循環資源の再生利用等実態調査報告」, 農林水産省Web。
(14) 注 (6) と同じ。
(15) 中嶋信他編『21世紀食料・農業市場の展望』第4章 (筑波書房, 2001年)。「特集　食品リサイクル特集2」(『廃棄物資源循環学会誌』27 (3), 2016年)。
(16) かつてのように, 加工品を再び原料として再利用することは難しくなってきている。朝日新聞「加工乳, 施設の7割が再利用　省令違反, 一般的に　厚生省調査」2000年10月11日付朝刊。朝日新聞「ネスレ, 在庫コーヒーを再利用　違法性はないが…全銘柄に表示せず」2002年5月5日付朝刊。
(17) UFJ総合研究所『容器包装廃棄物のエネルギー・リカバリーに関する欧州調査』2004年, 喜多川 [5]。
(18) 環境省『平成28年版　環境統計集』。
(19) プラスチック循環利用協会『プラスチックリサイクルの基礎知識2018』。
(20) 注 (18) と同じ。
(21) 環境省『平成20年版　環境・循環型社会白書』第2部第4章。
(22) 注 (18) と同じ。
(23) 特集「容器包装リサイクル法の見直し」(『廃棄物学会誌』17 (4), 2006年)。
(24) 数値は環境省Web。
(25) 注 (18) と同じ。
(26) ガラスびん3R促進協議会Web。
(27) PETくずの輸出量は2014年で38万tであり, うち中国へが33万tとなっている (「PETボトルリサイクル年次報告書」PETボトルリサイクル推進協議会Web)。東京新聞「自治体24%でプラごみ保管量増　中国輸入禁止で,上限基準違反も」2018年10月18日付。
(28) 注 (6) と同じ。
(29) 環境省「大量流通の見直しを通じた持続可能な社会づくりのための方策に関するとりまとめ」2011年, 環境省Web。

参考文献
［1］細田衛士『グッズとバッズの経済学　第2版』（東洋経済新報社，2012年）．
［2］石渡正佳『産廃Gメンが見た食品廃棄の裏側』（日経BP社，2016年）．
［3］泉谷眞実他『リサイクル・バイオ燃料で拓く新しいビジョン』（弘前大学出版会，2018年）．
［4］金子由紀子『買わない習慣』（アスペクト，2013年）．
［5］喜多川進『環境政策史論—ドイツ容器包装廃棄物政策の展開—』（勁草書房，2015年）．
［6］小島道一『リサイクルと世界経済』（中央公論新社，2018年）．
［7］中村修『ごみを資源にまちづくり』（農山漁村文化協会，2017年）．
［8］日本食品包装協会『食品包装の科学』（日刊工業新聞社，2016年）．
［9］佐藤順子編著『フードバンク』（明石書店，2018年）．
［10］シュテファン・クロイツベルガー『さらば，食品廃棄』（春秋社，2013年）．
［11］植田和弘・山川肇編『拡大生産者責任の環境経済学』（昭和堂，2010年）．

用語解説･･･

3R（Reduce, Reuse, Recycle）
　　ゴミ対策の手法であり，ごみの①発生抑制，②再使用（リユース），③再生利用・再資源化（リサイクル）のこと．循環型社会形成推進基本法ではその優先順位を発生抑制，再使用，再生利用の順としている．

リユース容器
　　中身を使った容器をメーカー等が回収して何度も使用する容器のことで，リターナブル容器とも呼ばれる．ビールビンや牛乳ビンがある．LCA（ライフサイクル評価）分析では，使い捨てのワンウェイ容器よりも環境負荷が低く，ごみの発生抑制にも寄与するが，近年は使用量が減少している．

拡大生産者責任（Extended Producer Responsibility; EPR）
　　OECDのガイダンスマニュアル（2001年）では，生産者がその製品の生産や使用の際に責任を負うだけではなく，使用済みの製品の処理（廃棄やリサイクル）の段階についても，財政面と実際の処理の両面から相当程度の責任を負うという政策的な考え方のこと．これによって生産者は，より環境負荷の低い製品を作る指向が生まれる．

第15章　農産物・食品の流通と環境・資源

事後学習（さらに学んでみよう，調べてみよう）・・・・・・・・・・・・・・・・・・・・・・・・・・・

（1）食品廃棄物や食品容器包装廃棄物のリサイクルの手法や現状について調べてみよう。
（2）食品流通業・外食産業の環境問題への取り組みについて調べてみよう。
（3）世界的な食品廃棄や使い捨てプラスチック製容器使用への規制について調べてみよう。

[泉谷眞実]

執筆者紹介

第1章（編者）
小野　雅之（おの　まさゆき）摂南大学農学部・教授

第2章
福田　晋（ふくだ　すすむ）九州大学大学院農学研究院・教授

第3章
木立　真直（きだち　まなお）中央大学商学部・教授

第4章
小池（相原）晴伴（こいけ（あいはら）はるとも）酪農学園大学農食環境学群・教授

第5章
坂爪　浩史（さかづめ　ひろし）北海道大学大学院農学研究院・教授

第6章
副島　久実（そえじま　くみ）摂南大学農学部・准教授

第7章
安部　新一（あべ　しんいち）宮城学院女子大学・名誉教授

第8章
清水池　義治（しみずいけ　よしはる）北海道大学大学院農学研究院・講師

第9章
内藤　重之（ないとう　しげゆき）琉球大学農学部・教授

第10章
横山　英信（よこやま　ひでのぶ）岩手大学人文社会科学部・教授

第11章
杉村　泰彦（すぎむら　やすひこ）琉球大学農学部・教授

第12章
松原　豊彦（まつばら　とよひこ）立命館大学食マネジメント学部・教授

第13章
矢野　泉（やの　いずみ）広島修道大学商学部・教授

第14章
尾碕　亨（おざき　とおる）酪農学園大学農食環境学群・教授

第15章
泉谷　眞実（いずみや　まさみ）弘前大学農学生命科学部・教授

農産物・食品の市場と流通

| 2019年3月28日 | 第1版第1刷発行 |
| 2021年9月9日 | 第1版第2刷発行 |

編　者　日本農業市場学会
発行者　鶴見　治彦
発行所　筑波書房
　　　　東京都新宿区神楽坂2-19 銀鈴会館
　　　　〒162-0825
　　　　電話03（3267）8599
　　　　郵便振替00150-3-39715
　　　　http://www.tsukuba-shobo.co.jp

定価はカバーに示してあります

印刷／製本　平河工業社
©日本農業市場学会 2019 Printed in Japan
ISBN978-4-8119-0549-5 C3061